建筑工程细部节点做法与施工工艺图解丛书

防水、保温及屋面工程细部节点做法与施工工艺图解

（第二版）

丛书主编：毛志兵

本书主编：朱晓伟

组织编写：中国土木工程学会总工程师工作委员会

U0285705

中国建筑工业出版社

图书在版编目（CIP）数据

防水、保温及屋面工程细部节点做法与施工工艺图解 / 朱晓伟主编；中国土木工程学会总工程师工作委员会组织编写. -- 2 版. -- 北京：中国建筑工业出版社，2024. 12. --（建筑工程细部节点做法与施工工艺图解丛书 / 毛志兵主编）. -- ISBN 978-7-112-30166-9

Ⅰ. TU-64

中国国家版本馆 CIP 数据核字第 2024DL6737 号

本书以通俗、易懂、简单、经济、实用为出发点，从节点图、实体照片、工艺说明三个方面解读工程节点做法。本书分为防水工程、保温工程、屋面工程共 3 章。提供了 200 多个常用细部节点做法，能够对项目基层管理岗位对工程质量的把控及操作人员的实际操作有所启发和帮助。

本书是一本实用性图书，可以作为监理单位、施工企业、一线管理人员及劳务操作人员的培训教材。

责任编辑：季　帆　张　磊
文字编辑：张建文
责任校对：赵　力

建筑工程细部节点做法与施工工艺图解丛书
防水、保温及屋面工程细部
节点做法与施工工艺图解
（第二版）
丛书主编：毛志兵
本书主编：朱晓伟
组织编写：中国土木工程学会总工程师工作委员会

*

中国建筑工业出版社出版、发行（北京海淀三里河路 9 号）
各地新华书店、建筑书店经销
北京鸿文瀚海文化传媒有限公司制版
北京市密东印刷有限公司印刷

*

开本：850 毫米×1168 毫米　1/32　印张：11¾　字数：323 千字
2024 年 8 月第二版　　2024 年 8 月第一次印刷
定价：**49. 00** 元
ISBN 978-7-112-30166-9
（43069）

丛书编委会

主　编：毛志兵

副主编：朱晓伟　刘　杨　刘明生　刘福建　李景芳
　　　　　杨健康　吴克辛　张太清　张可文　陈振明
　　　　　陈硕晖　欧亚明　金　睿　赵秋萍　赵福明
　　　　　黄克起　颜钢文

本书编委会

主编单位： 北京住总集团有限责任公司

参编单位： 北京住总第一开发建设有限公司

北京住总第四开发建设有限公司

北京住总集团有限责任公司技术开发中心

北京住总第三开发建设有限公司

北京住总第六开发建设有限公司

北京住总集团有限责任公司工程总承包部

主　　编： 朱晓伟

副 主 编： 胡延红　刘作为

编写人员： 刘　兮　赵杰琼　周　宁　陈　斌　田　磊

沙　楠　郝　瀚　白　松　王大可　肖　迪

倪思伟　陶永昊　李英豪　赵正桥　朱　浩

丛书前言

　　"建筑工程细部节点做法与施工工艺图解丛书"自 2018 年出版发行后，受到了业内工程施工一线技术人员的欢迎，截至 2023 年底，累计销售已近 20 万册。本丛书对建筑工程高质量发展起到了重要作用。近年来，随着建筑工程新结构、新材料、新工艺、新技术不断涌现以及工业化建造、智能化建造和绿色化建造等理念的传播，施工技术得到了跨越式的发展，新的节点形式和做法进一步提高了工程施工质量和效率。特别是 2021 年以来，住房和城乡建设部陆续发布并实施了一批有关工程施工的国家标准和政策法规，显示了对工程质量问题的高度重视。

　　为了促进全行业施工技术的发展及施工操作水平的整体提升，紧随新的技术潮流，中国土木工程学会总工程师工作委员会组织了第一版丛书的主要编写单位以及业界有代表性的相关专家学者，在第一版丛书的基础上编写了"建筑工程细部节点做法与施工工艺图解丛书（第二版）"（简称新版丛书）。新版丛书沿用了第一版丛书的组织形式，每册独立组成编委会，在丛书编委会的统一指导下，根据不同专业分别编写，共 11 分册。新版丛书结合国家现行标准的修订情况和施工技术的发展，进一步完善第一版丛书细部节点的相关做法。在形式上，结合第一版丛书通俗易懂、经济实用的特点，从节点构造、实体照片、工艺要点等几个方面，解读工程节点做法与施工工艺；在内容上，随着绿色建筑、智能建筑的发展，新标准的出台和修订，部分节点的做法有一定的精进，新版丛书根据新标准的要求和工艺的进步，进一步完善节点的做法，同时补充新节点的施工工艺；在行文结构中，进一步沿用第一版丛书的编写方式，采用"施工方式＋案例""示意图＋现场图"的形式，使本丛书的编写更加简明扼要、方便查找。

　　新版丛书作为一本实用性的工具书，按不同专业介绍了工程实践中常用的细部节点做法，可以作为设计单位、监理单位、施工企业、一线管理人员及劳务操作层的培训教材，希望对项目各参建方的实际操作和品质控制有所启发和帮助。

　　新版丛书虽经过长时间准备、多次研讨与审查修改，但仍难免存在疏漏与不足之处，恳请广大读者提出宝贵意见，以便进一步修改完善。

丛书主编：毛志兵

本书前言

为切实提高工程建设的技术管理水平和施工操作能力、提升建设工程质量、深入推进建筑工程现场"规范化、标准化、精细化"建设，按照"建筑工程细部节点做法与施工工艺图解丛书"编委会的要求，北京住总集团有限责任公司总结了多年来的研究成果、实践经验与项目实例，组织了北京住总第一开发建设有限公司、北京住总第四开发建设有限公司、北京住总集团有限责任公司技术开发中心等多家企业共同编写本书。本书由"防水工程""保温工程""屋面工程"三部分组成。"防水工程"由北京住总第四开发建设有限公司联合北京住总第三开发建设有限公司共同编写，主要内容包含"地下防水""厕浴间防水""特殊部位防水"共三部分、83个细部节点；"保温工程"由北京住总集团有限责任公司技术开发中心联合北京住总集团有限责任公司工程总承包部共同编写，共分为四部分、73个细部节点做法，主要内容包含当前主流的外保温体系与工艺做法；"屋面工程"由北京住总第一开发建设有限公司联合北京住总第六开发建设有限公司共同编写，主要内容包含"找坡和找平层""防水卷材屋面""涂膜防水屋面""保护层及面层"等共十一部分、77个细部节点。本书图文并茂、语言精练、通俗易懂，适用面广、可操作性强，可供建筑企业施工、管理及监理等人员使用，也可供建设单位、设计单位以及政府监管部门等专业人员参考。由于时间仓促，编写组水平有限，本书难免有不妥之处，恳请同行和读者批评指正，以便未来不断完善。

目　录

第一章　防水工程

第二章　保温工程

第三章　屋面工程

第一章　防水工程

第一节 ● 地下防水

010101 防水混凝土

防水混凝土施工现场图

施工工艺说明	防水混凝土强度等级不应低于 C25,试配混凝土的抗渗等级应比设计要求提高 0.2MPa;防水混凝土适用于地下室防水等级为一～三级的整体式防水混凝土结构
施工控制要点	施工前应做好降排水工作,不得在有积水的环境中浇筑混凝土;施工过程中严禁加水,浇筑完成需保湿养护不少于 14d;后浇带部位施工前,交接面应做粗糙处理,并清除积水和杂物;施工时采用机械振捣,避免漏振、欠振和超振
质量通病防治	施工缝处渗漏,应采取施工缝处理措施;穿墙螺栓处渗漏,应确保使用止水螺栓;易出现混凝土冷缝,应加强混凝土施工组织管理,保证混凝土浇筑的连续性
施工注意事项	防水混凝土厚度不应小于 250mm;结构内部设置的各种钢筋、绑扎钢丝等不能直接接触模板,固定模板的螺栓穿墙结构必须采取防水措施;防水混凝土应连续浇筑,宜少设施工缝;墙体水平施工缝不应设在剪力最大处或底板与侧墙的交接处,应留在高出底板表面不小于300mm 的墙体上;垂直施工缝应避开地下水和裂隙水较多的地段,并宜与变形缝相结合

010102 水泥砂浆防水

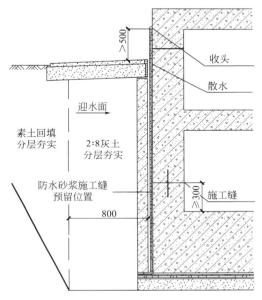

收头

散水

迎水面

素土回填
分层夯实

2:8灰土
分层夯实

防水砂浆施工缝
预留位置

施工缝

>500

≥300

800

水泥砂浆防水示意图

水泥砂浆防水施工现场图

施工工艺说明	施工方法为人工抹压法及机械湿喷法，人工抹压法使用较为广泛，抹面的平整度和密实度与操作人员的操作技巧有关
施工控制要点	水泥砂浆防水层终凝后，应及时进行养护，养护温度不宜低于5℃，并应保持砂浆表面湿润，养护时间不得少于14d。 墙面防水层需先抹1mm厚素灰，用抹子往返用力刮抹，使素灰填实基层表面空隙；第二层和第三层为水泥砂浆层，每层厚度6～8mm，首层为扫毛做法，第二层为压光做法；压光宜用铁抹子分次压实，一般抹压2～3次为宜
质量通病防治	抹灰厚度过大易产生空鼓、开裂，需严格按相关工艺进行抹灰
施工注意事项	聚合物水泥防水砂浆防水层的厚度不应小于6mm，掺外加剂、防水剂的砂浆防水层的厚度不应小于18mm。 结构阴阳角的防水层宜抹成圆角；防水层施工缝需留斜坡阶梯形槎子，槎子的搭接要依照层次操作顺序层层搭接；留槎的位置宜在地面上，亦可留在墙面上，所留的槎子均需距离阴阳角200mm以上

010103 防水卷材错槎接缝处理

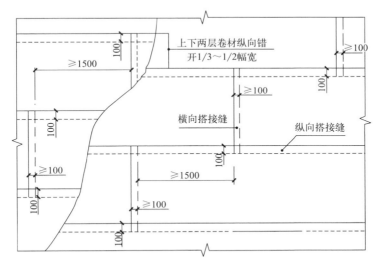

防水卷材错槎接缝处理示意图

防水卷材错槎接缝处理施工现场图

施工工艺说明	两幅卷材的搭接长度：高聚物改性沥青类卷材应为150mm，合成高分子类卷材应为100mm；在平面与立墙的转角处，卷材的接缝应留在平面上，距立墙不小于600mm。当使用两层卷材时，上层卷材应盖过下层卷材，上下两层卷材接缝纵向应错开1/3～1/2幅宽，且上下层卷材不得相互垂直铺贴。同一层相邻两幅卷材的横向接缝，应彼此错开1500～1600mm
施工控制要点	卷材与基面、卷材与卷材间的粘结应紧密、牢固；铺贴完成的卷材应平整顺直，搭接尺寸应准确，不得扭曲皱折
质量通病防治	铺设防水卷材时，如卷材搭接不够、阴阳角附加毡做得不规矩，那这些部位容易造成破坏，致使漏水；防治措施：施工过程严格按照规范要求操作，保证搭接尺寸满足要求，在防水搭接头收头粘结后可用火焰或抹子沿搭接缝边缘再行均匀加热抹压封严，或用密封材料沿缝封严，宽度不小于10mm
施工注意事项	严禁在雨天、雪天、五级及以上大风中铺贴卷材；冷粘法、自粘法施工时环境气温不宜低于5℃，热熔法、焊接法施工时环境气温不宜低于－10℃。施工过程中遇下雨或下雪时，应做好已铺卷材的防护工作。采用热熔法施工时应加热均匀，不得加热不足或烧穿卷材，搭接缝部位应溢出热熔的改性沥青

010104 外墙防水卷材搭接图

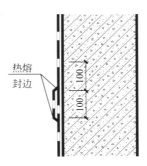

热熔
封边

外墙防水卷材搭接示意图

外墙防水卷材搭接施工现场图

施工工艺说明

　　铺贴外墙卷材之前，应先将接槎部位的卷材揭开，并将其表面清理干净，如卷材有局部损伤，应及时进行修补后方可继续施工；两层卷材应错开接缝，错开距离不得小于350mm，上层卷材应盖过下层卷材。两幅卷材的搭接长度：长边与短边均应不小于100mm。

防水卷材铺贴施工现场图

施工工艺说明

　　先铺贴阴阳角等部位的附加层，将柱墩基础、后浇带等处的防水卷材铺贴完毕后再铺大面。防水卷材铺贴方向：底板宜平行于长边方向，立墙应垂直底板方向；卷材应先铺贴平面，后铺贴立面。

010106 防水卷材层平面阴阳角

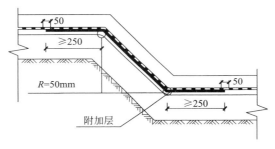

防水卷材层平面阴阳角示意图

防水卷材层平面阴阳角施工现场图

施工工艺说明	平面阴阳角处做圆弧半径不小于50mm的八字坡作为防水卷材附加层,附加层与平面位置接头不小于250mm
施工控制要点	平面阴阳角处基层应清理干净、平整、顺直,平整度、顺直度偏差不得大于5mm,基层可湿润但无明水,应满粘。卷材搭接宽度不应小于100mm
质量通病防治	阴阳角弧度应满足要求,阴角处卷材与基层粘贴应牢固,其间不应有空气,铺贴卷材时应向两边抹压、赶出卷材下的空气,确保粘结紧密。基层表面平整度不应大于5mm;聚合物水泥防水胶粘材料应边抹边铺贴卷材,卷材铺贴时不得拉紧,应保持自然状态。铺贴卷材时应向两边抹压赶出卷材下的空气,接缝部位应挤出胶粘材料并批刮封口
施工注意事项	防水层完工后、聚合物水泥胶粘材料固化前,不得在其上行走或进行后道工序的作业;防水层完工后,应避免在其上凿孔打洞;当下道工序施工时,对已完工的防水层应采取保护措施,防止损坏;雨天、五级及以上大风天气不得施工;防水层完工后,聚合物水泥胶粘材料固化前,下雨时应采取保护措施;卷材铺贴时,环境温度不得低于5℃,不得高于35℃,超出温度范围应采取措施

010107 防水卷材层三面阴角

防水卷材层三面阴角施工现场图

施工工艺说明

防水卷材三面阴角附加层卷材按图示形状进行下料和裁剪。卷材铺贴时，不要拉紧，要自然松铺，无褶皱即可。

施工控制要点

三面阴角处，基层应清理干净、平整、顺直，平整度、顺直度偏差不得大于5mm；施工时，应先施工底面后施工立面，立面压底面；基层处理无明水；搭接长度不小于100mm。

010108 外墙阳角防水

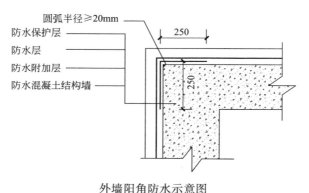

外墙阳角防水示意图

施工工艺说明

  基层必须平整、牢固，表面尘土、砂层等杂物应清扫干净，且不得有凹凸不平、松动空鼓、起砂、开裂等缺陷；基层处理无明水；表面的阳角处，均应做成半径为20mm的圆弧状，阳角部位加铺一层附加防水层，附加防水层过角线两侧不小于250mm。

施工控制要点

  基层应清理干净、平整、顺直，平整度、顺直度偏差不应大于5mm；搭接长度不小于100mm。

010109 外墙阴角防水

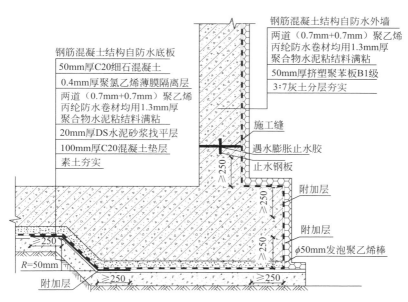

钢筋混凝土结构自防水底板
50mm厚C20细石混凝土
0.4mm厚聚氯乙烯薄膜隔离层
两道（0.7mm+0.7mm）聚乙烯丙纶防水卷材均用1.3mm厚聚合物水泥粘结料满粘
20mm厚DS水泥砂浆找平层
100mm厚C20混凝土垫层
素土夯实

钢筋混凝土结构自防水外墙
两道（0.7mm+0.7mm）聚乙烯丙纶防水卷材均用1.3mm厚聚合物水泥粘结料满粘
50mm厚挤塑聚苯板B1级
3:7灰土分层夯实

施工缝
遇水膨胀止水胶
止水钢板
附加层
附加层
ϕ50mm发泡聚乙烯棒

R=50mm
附加层

外墙阴角防水示意图

外墙阴角防水实物图

施工工艺说明	基层必须平整、牢固,表面尘土、砂层等杂物应清扫干净,且不得有凹凸不平、松动空鼓、起砂、开裂等缺陷;基层可湿润但无明水;表面的阳角处、外墙阴角处应做半径不小于 20mm 的圆弧形或斜边为 50mm 的八字坡
施工控制要点	基层应清理干净、平整、顺直,平整度、顺直度偏差不应大于 5mm;搭接长度不小于 100mm
质量通病防治	聚合物水泥防水胶粘材料应边批抹边铺贴卷材,卷材铺贴时不得拉紧,应保持自然状态。铺贴卷材时应向两边抹压赶出卷材下的空气,接缝部位应挤出胶粘材料并批刮封口
施工注意事项	防水层完工后,聚合物水泥胶粘材料固化前,不得在其上行走或进行后道工序的作业;防水层完工后,应避免在其上凿孔打洞;当下道工序或相邻工程施工时,对已完工的防水层应采取保护措施,防止损坏;室外防水工程遇雨天、五级及以上大风天气不得施工;防水层完工后,聚合物水泥胶粘材料固化前下雨时应采取保护措施;卷材铺贴时环境温度不得低于 5℃,不得高于 35℃,超出其温度范围应采取措施

010110 底板防水构造

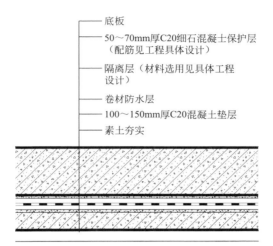

底板防水构造示意图

- 底板
- 50～70mm厚C20细石混凝土保护层（配筋见工程具体设计）
- 隔离层（材料选用见具体工程设计）
- 卷材防水层
- 100～150mm厚C20混凝土垫层
- 素土夯实

底板防水施工现场图

施工工艺说明	两幅卷材的搭接长度：高聚物改性沥青类卷材应为150mm，合成高分子类卷材应为100mm；在平面与立墙的转角处，卷材的接缝应留在平面上，距立墙不小于600mm。当使用两层卷材时，上层卷材应盖过下层卷材，上下两层卷材接缝应错开 1/3～1/2 幅宽，且上下层卷材不得相互垂直铺贴。同一层相邻两幅卷材的横向接缝应彼此错开 1500～1600mm
施工控制要点	卷材与基面、卷材与卷材间的粘结应紧密、牢固；铺贴完成的卷材应平整、顺直，搭接尺寸应准确，不得扭曲皱折
质量通病防治	基层含水率过高时，防水层易出现鼓包、粘结不牢等现象，应严格控制防水层施工时间。铺设防水卷材时，如卷材搭接不够、阴阳角附加毡做得不规矩，那么这些部位容易造成破坏，致使漏水；防治措施：施工过程严格按照规范要求操作，保证搭接尺寸满足要求，在防水搭接头收头粘结后可用火焰或抹子沿搭接缝边缘再行均匀加热抹压封严，或用密封材料沿缝封严，宽度不小于 10mm
施工注意事项	严禁在雨天、雪天、五级及以上大风天气中铺贴卷材；冷粘法、自粘法施工时环境气温不宜低于 5℃，热熔法、焊接法施工时环境气温不宜低于 −10℃。施工过程中遇下雨或下雪时，应做好已铺卷材的防护工作。采用热熔法施工时应加热均匀，不得加热不足或烧穿卷材，搭接缝部位应溢出热熔的改性沥青

010111 膨润土防水构造

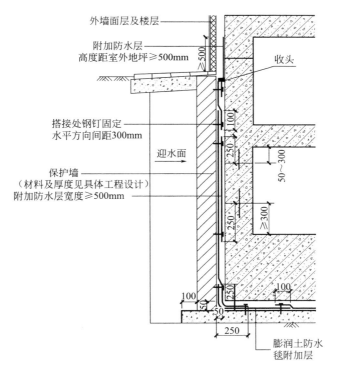

外墙面层及楼层

附加防水层
高度距室外地坪≥500mm

收头

搭接处钢钉固定
水平方向间距300mm

迎水面

保护墙
（材料及厚度见具体工程设计）
附加防水层宽度≥500mm

膨润土防水
毯附加层

膨润土防水构造示意图

膨润土防水构造实物图

施工工艺说明	膨润土防水层基面应坚实、清洁，不得有明水，基面应平整；基层阴阳角部位应做成直径不小于 30mm 的圆弧形或 30mm×30mm 的坡角
施工控制要点	膨润土防水材料应采用水泥钉和垫片固定，立面和斜面上的固定间距宜为 400～500mm，平面上应在搭接缝处固定
质量通病防治	变形缝、后浇带等接缝部位应设置宽度不小于 500mm 的加强层，加强层应设置在防水层与结构之间；穿墙管件部位宜采用膨润土橡胶止水条、膨润土密封膏或膨润土粉进行加强处理
施工注意事项	立面和斜面铺设膨润土防水材料时，应上层压着下层铺设，卷材与基层、卷材与卷材之间应密贴，并应平整无褶皱；膨润土防水材料分段铺设时，应采取临时防护措施；甩槎与下幅防水材料连接时，应将收口压板、临时保护膜等去掉，并应将搭接部位清理干净；破损部位应采用与防水层相同的材料进行修补，补丁边缘与破损部位边缘的距离不应小于 100mm，膨润土防水板表面膨润土颗粒损失严重时应涂抹膨润土密封膏

010112 邻水建筑外墙防水构造

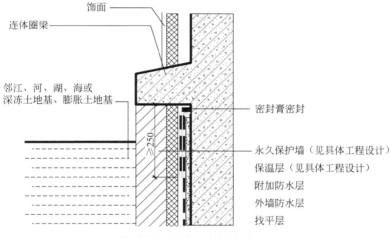

邻水建筑外墙防水构造示意图

饰面
连体圈梁
邻江、河、湖、海或
深冻土地基、膨胀土地基
≥250
密封膏密封
永久保护墙（见具体工程设计）
保温层（见具体工程设计）
附加防水层
外墙防水层
找平层

施工工艺说明	邻水建筑外墙防水混凝土施工应在邻水方向设置凸出连体圈梁。防水层至圈梁下增加宽度 250mm 以上的附加层，并在顶端位置用密封膏密封。防水层以外需做永久性保护墙
施工控制要点	防水卷材施工后应注意成品保护，密封膏密封需保证严密
质量通病防治	保护墙施工时可能会将防水层破坏，预防措施：防水施工完成后对工人细致交底，提高其成品保护意识
施工注意事项	严禁在雨天、雪天、五级及以上大风天气中铺贴卷材；冷粘法、自粘法施工时环境气温不宜低于 5℃，热熔法、焊接法施工时环境气温不宜低于 －10℃。施工过程中遇下雨或下雪时，应做好已铺卷材的防护工作。采用热熔法施工时应加热均匀，不得加热不足或烧穿卷材，搭接缝部位应溢出热熔的改性沥青

010113 一、二级防水卷材无保温顶板

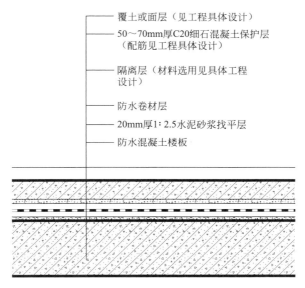

—— 覆土或面层（见工程具体设计）
—— 50～70mm厚C20细石混凝土保护层
  （配筋见工程具体设计）
—— 隔离层（材料选用见具体工程
  设计）
—— 防水卷材层
—— 20mm厚1：2.5水泥砂浆找平层
—— 防水混凝土楼板

一、二级防水卷材无保温顶板示意图

一、二级防水卷材无保温顶板实物图

施工工艺说明	两幅卷材的搭接长度:高聚物改性沥青类卷材应为150mm,合成高分子类卷材应为100mm;在平面与立墙的转角处,卷材的接缝应留在平面上,距立墙不小于600mm。当使用两层卷材时,上层卷材应盖过下层卷材,上下两层卷材接缝应错开1/3～1/2幅宽,且上下层卷材不得相互垂直铺贴。同一层相邻两幅卷材的横向接缝,应彼此错开1500～1600mm
施工控制要点	卷材与基面、卷材与卷材间的粘结应紧密、牢固;铺贴完成的卷材应平整顺直,搭接尺寸应准确,不得扭曲皱折
质量通病防治	铺设防水卷材时,如卷材搭接不够、阴阳角附加毡做得不规矩,那么这些部位容易造成破坏,致使漏水;防治措施:施工过程严格按照规范要求操作,保证搭接尺寸满足要求,在防水搭接头收头粘结后可用火焰或抹子沿搭接缝边缘再均匀加热抹压封严,或用密封材料沿缝封严,宽度不小于10mm
施工注意事项	严禁在雨天、雪天、五级及以上大风天气中铺贴卷材;冷粘法、自粘法施工时环境气温不宜低于5℃,热熔法、焊接法施工时环境气温不宜低于－10℃。施工过程中遇下雨或下雪时,应做好已铺卷材的防护工作。采用热熔法施工时应加热均匀,不得加热不足或烧穿卷材,搭接缝部位应溢出热熔的改性沥青

010114 一、二级防水涂料无保温顶板

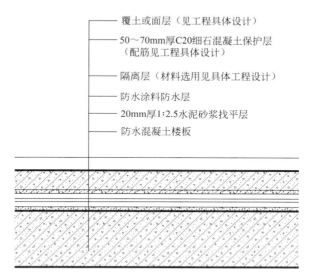

—— 覆土或面层（见工程具体设计）

—— 50～70mm厚C20细石混凝土保护层
（配筋见工程具体设计）

—— 隔离层（材料选用见具体工程设计）

—— 防水涂料防水层

—— 20mm厚1:2.5水泥砂浆找平层

—— 防水混凝土楼板

一、二级防水涂料无保温顶板示意图

一、二级防水涂料无保温顶板施工现场图

施工工艺说明	防水涂料基层表面应基本干净、平整、无浮浆和明显积水。有机防水涂料基层表面应基本干燥，不应有气孔、凹凸不平、蜂窝麻面等缺陷。涂料施工前，基层阴阳角应做成圆弧形
施工控制要点	防水涂料应分层涂刷或喷涂，涂层应均匀，不得漏刷漏涂；接槎宽度不小于 100mm。防水涂料施工完成后应及时做保护层
质量通病防治	防水层空鼓多发生在找平层与防水层之间及接缝处，主要原因是基层潮湿，含水率过大使涂膜鼓泡。施工时要控制基层含水率，接缝处应粘结牢固。在涂膜防水层分层施工过程中或全部涂膜施工完成后，需等涂膜固化方可上人操作活动，否则将致使涂料受损、划伤。施工过程中应注意成品保护；涂膜厚度应符合设计及规范要求
施工注意事项	涂料防水层严禁在雨天、雾天、五级及以上大风天气中施工，不得在环境温度低于 5℃ 或高于 35℃ 或烈日暴晒时施工。涂膜固化前如遇降雨，应及时做好已完成涂层的保护工作

010115 一级卷材＋防水涂料无保温顶板

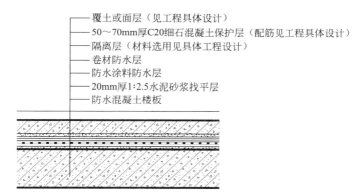

　　覆土或面层（见工程具体设计）
　　50～70mm厚C20细石混凝土保护层（配筋见工程具体设计）
　　隔离层（材料选用见具体工程设计）
　　卷材防水层
　　防水涂料防水层
　　20mm厚1:2.5水泥砂浆找平层
　　防水混凝土楼板

一级卷材＋防水涂料无保温顶板示意图

一级卷材＋防水涂料无保温顶板施工现场图

施工工艺说明

　　防水混凝土楼板上做20mm厚砂浆找平层，涂刷防水涂料后铺贴防水卷材，防水涂料应分层涂刷，涂层均匀，不得漏刷且接槎宽度不小于100mm；防水卷材层接槎宽度应满足：高聚物改性沥青类卷材应为150mm，合成高分子类卷材应为100mm。

010116 一级卷材＋防水砂浆无保温顶板

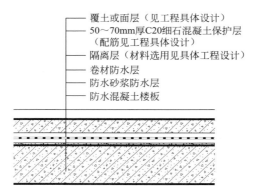

—— 覆土或面层（见工程具体设计）
—— 50～70mm厚C20细石混凝土保护层（配筋见工程具体设计）
—— 隔离层（材料选用见具体工程设计）
—— 卷材防水层
—— 防水砂浆防水层
—— 防水混凝土楼板

一级卷材＋防水砂浆无保温顶板示意图

一级卷材＋防水砂浆无保温顶板施工现场图

施工工艺说明

　　防水混凝土楼板上涂刮防水砂浆后铺贴防水卷材，防水卷材层接槎宽度应满足：高聚物改性沥青类卷材为150mm，合成高分子类卷材为100mm。

010117 一级防水涂料＋防水砂浆无保温顶板

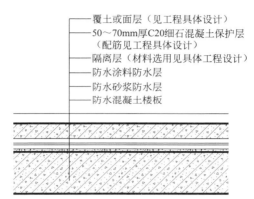

————覆土或面层（见工程具体设计）
————50～70mm厚C20细石混凝土保护层
（配筋见工程具体设计）
————隔离层（材料选用见具体工程设计）
————防水涂料防水层
————防水砂浆防水层
————防水混凝土楼板

一级防水涂料＋防水砂浆无保温顶板示意图

一级防水涂料＋防水砂浆无保温顶板实物图

◆ 施工工艺说明

　　防水混凝土楼板上做水泥砂浆防水层后涂刷防水涂料，单层水泥砂浆防水层厚度宜为6～8mm，防水涂料涂刷应分层涂刷，涂层均匀，不得漏刷且接槎宽度不小于100mm。

010118 一级防水涂料＋防水卷材无保温顶板

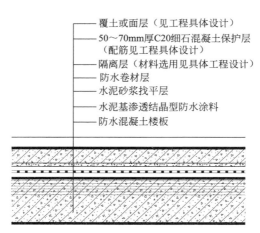

覆土或面层（见工程具体设计）
50～70mm厚C20细石混凝土保护层
（配筋见工程具体设计）
隔离层（材料选用见具体工程设计）
防水卷材层
水泥砂浆找平层
水泥基渗透结晶型防水涂料
防水混凝土楼板

一级防水涂料＋防水卷材无保温顶板示意图

一级防水涂料＋防水卷材无保温顶板实物图

施工工艺说明

防水混凝土楼板先铺设水泥基渗透结晶型防水涂料后做20mm厚水泥砂浆找平层，铺贴防水卷材。防水卷材层接槎宽度应满足：高聚物改性沥青类卷材应为150mm，合成高分子类卷材应为100mm。

010119 耐根穿刺防水卷材无保温顶板（找坡层在上）

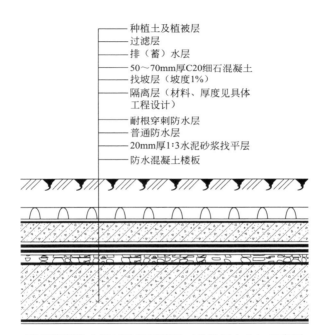

种植土及植被层
过滤层
排（蓄）水层
50～70mm厚C20细石混凝土
找坡层（坡度1%）
隔离层（材料、厚度见具体工程设计）
耐根穿刺防水层
普通防水层
20mm厚1:3水泥砂浆找平层
防水混凝土楼板

耐根穿刺防水卷材无保温顶板（找坡层在上）示意图

施工工艺说明

　　防水混凝土楼板上做水泥砂浆找平层后铺贴防水卷材，防水卷材第一层为普通防水卷材，第二层为耐根穿刺防水卷材。防水卷材层接槎宽度应满足：高聚物改性沥青类卷材为150mm，合成高分子类卷材为100mm。

010120 耐根穿刺防水卷材无保温顶板（找坡层在中间）

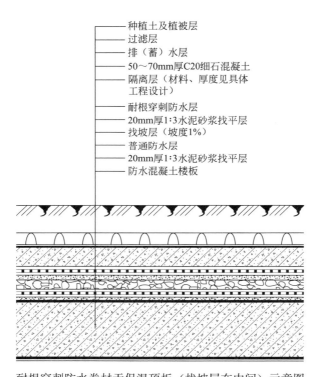

种植土及植被层
过滤层
排（蓄）水层
50～70mm厚C20细石混凝土
隔离层（材料、厚度见具体工程设计）
耐根穿刺防水层
20mm厚1:3水泥砂浆找平层
找坡层（坡度1%）
普通防水层
20mm厚1:3水泥砂浆找平层
防水混凝土楼板

耐根穿刺防水卷材无保温顶板（找坡层在中间）示意图

施工工艺说明

　　防水混凝土楼板上做水泥砂浆找平层后铺贴防水卷材，防水卷材第一层为普通防水卷材，第二层为耐根穿刺防水卷材。防水卷材层接槎宽度应满足：高聚物改性沥青类卷材为150mm，合成高分子类卷材为100mm。

010121 耐根穿刺防水卷材保温顶板（保温层在上）

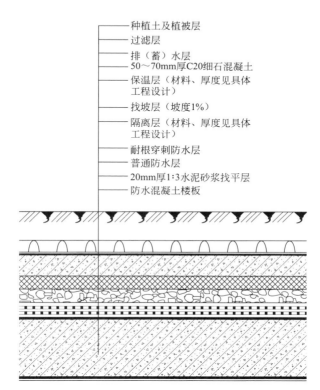

种植土及植被层
过滤层
排（蓄）水层
50～70mm厚C20细石混凝土
保温层（材料、厚度见具体工程设计）
找坡层（坡度1%）
隔离层（材料、厚度见具体工程设计）
耐根穿刺防水层
普通防水层
20mm厚1:3水泥砂浆找平层
防水混凝土楼板

耐根穿刺防水卷材保温顶板（保温层在上）示意图

施工工艺说明

　　防水混凝土楼板上做水泥砂浆找平层后铺贴防水卷材，防水卷材第一层为普通防水卷材，第二层为耐根穿刺防水卷材。防水卷材层接槎宽度应满足：高聚物改性沥青类卷材为150mm，合成高分子类卷材为100mm。

010122 耐根穿刺防水卷材保温顶板（找坡层在中间）

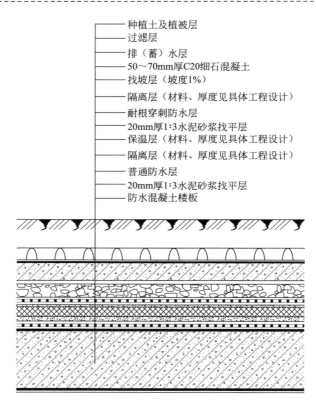

种植土及植被层
过滤层
排（蓄）水层
50～70mm厚C20细石混凝土
找坡层（坡度1%）
隔离层（材料、厚度见具体工程设计）
耐根穿刺防水层
20mm厚1:3水泥砂浆找平层
保温层（材料、厚度见具体工程设计）
隔离层（材料、厚度见具体工程设计）
普通防水层
20mm厚1:3水泥砂浆找平层
防水混凝土楼板

耐根穿刺防水卷材保温顶板（找坡层在中间）示意图

施工工艺说明

　　防水混凝土楼板上做水泥砂浆找平层后铺贴防水卷材，防水卷材第一层为普通防水卷材，然后铺贴隔离层及保温层用作找平层；第二层为耐根穿刺防水层。防水卷材层接槎宽度应满足：高聚物改性沥青类卷材为150mm，合成高分子类卷材为100mm。

010123 耐根穿刺防水卷材＋防水砂浆顶板

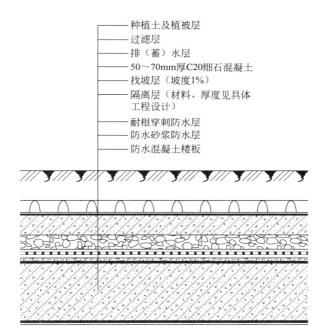

种植土及植被层
过滤层
排（蓄）水层
50～70mm厚C20细石混凝土
找坡层（坡度1%）
隔离层（材料、厚度见具体工程设计）
耐根穿刺防水层
防水砂浆防水层
防水混凝土楼板

耐根穿刺防水卷材＋防水砂浆顶板示意图

施工工艺说明

防水混凝土楼板上做防水砂浆后铺贴耐根穿刺防水卷材。聚合物水泥防水砂浆厚度单层宜为6～8mm。防水卷材层接槎宽度应满足：高聚物改性沥青类卷材为150mm，合成高分子类卷材为100mm。

010124 耐根穿刺防水卷材＋水泥基渗透结晶型防水

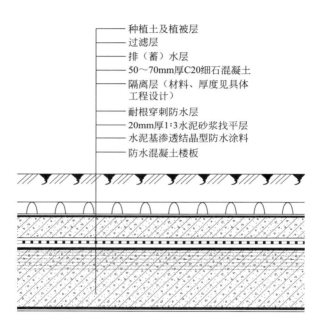

耐根穿刺防水卷材＋水泥基渗透结晶型防水示意图

标注：
- 种植土及植被层
- 过滤层
- 排（蓄）水层
- 50～70mm厚C20细石混凝土
- 隔离层（材料、厚度见具体工程设计）
- 耐根穿刺防水层
- 20mm厚1:3水泥砂浆找平层
- 水泥基渗透结晶型防水涂料
- 防水混凝土楼板

◆ 施工工艺说明

　　防水混凝土楼板做水泥基渗透结晶型防水涂料后做20mm厚水泥砂浆找平层，铺贴耐根穿刺防水卷材。防水卷材层接槎宽度应满足：高聚物改性沥青类卷材为150mm，合成高分子类卷材为100mm。

010125 止水钢环穿墙单管

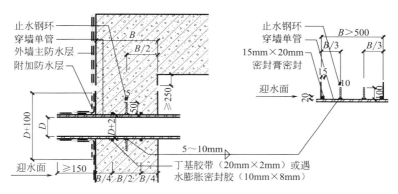

止水钢环穿墙单管示意图

止水钢环穿墙单管实物图

施工工艺说明	穿墙单管应在混凝土浇筑前预埋,止水单环与主管或套管双面满焊密实,并在施工前将套管内清理干净。采用遇水膨胀止水圈的穿墙单管,管径宜小于 50mm,止水圈应采用胶粘剂满粘固定于管上,并应涂缓胀剂或采用缓胀型遇水膨胀止水圈
施工控制要点	止水钢环与主管或套管间不应有缝隙,遇水膨胀密封胶需保证质量,主管外、套管内及止水钢环应保证清洁
质量通病防治	管根处如有渗水应采取与裂缝渗水相同的处理方式,采用注浆方式进行封堵,治理过程应随时检查治理效果,并做好隐蔽施工记录,止水钢环宽度应符合要求
施工注意事项	当工程有防护要求时,穿墙管除应采取防水措施外,尚应采取满足防护要求的措施。穿墙管伸出外墙的部位,回填时应采取防止管体损坏的措施

010126 加套管止水钢环穿墙单管

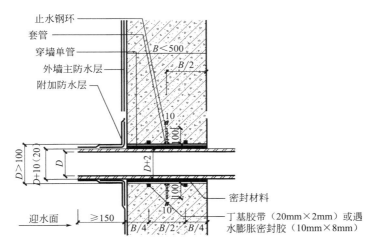

加套管止水钢环穿墙单管示意图

加套管止水钢环穿墙单管实物图

施工工艺说明

　　套管在混凝土浇筑前预埋，并在施工前将套管清理干净。穿墙管在穿入前，管外壁用密封材料包裹后穿入，完成后在穿墙管迎水面增加卷材附加层，沿管根向外延伸150mm以上。

010127 无止水钢环穿墙单管

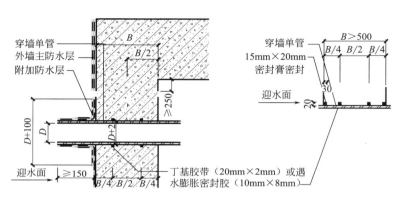

无止水钢环穿墙单管示意图

无止水钢环穿墙单管施工现场图

施工工艺说明

穿墙单管应在混凝土浇筑前预埋，并在施工前将穿墙单管清理干净。在示意图所示位置设置丁基胶带或遇水膨胀密封胶，迎水面增加卷材附加层，沿管根向外延伸150mm以上。

010128 预埋钢片群管穿墙防水构造

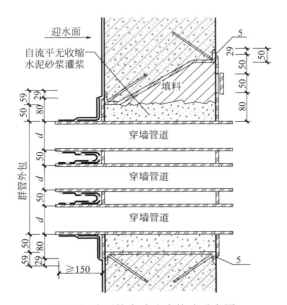

迎水面

自流平无收缩
水泥砂浆灌浆

填料

穿墙管道

群管外包

穿墙管道

穿墙管道

≥150

预埋钢片群管穿墙防水构造示意图

预埋钢片群管穿墙防水构造施工现场图

施工工艺说明	群管穿墙位置的选择应先考虑群管封口钢板尺寸,在混凝土施工固定埋件后预留洞口,混凝土施工完成后,将封口钢板与埋件焊接,插入穿墙单管后用自流平无收缩水泥砂浆灌严。按穿墙单管要求对迎水面穿墙管进行收头
施工控制要点	收头防水卷材与穿墙单管连接应保证严密无缝隙;水泥灌浆料应保证密实
质量通病防治	管根处如有渗水应采取与裂缝渗水相同的处理方式,采用注浆方式进行封堵,治理过程应随时检查治理效果,并做好隐蔽施工记录
施工注意事项	当工程有防护要求时,穿墙单管部除应采取防水措施外,尚应采取满足防护要求的措施。穿墙单管伸出外墙的部位,回填时应采取防止管体损坏的措施

010129 方形止水钢环穿墙螺栓

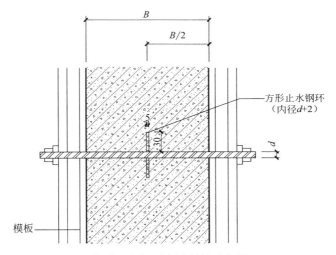

方形止水钢环穿墙螺栓示意图

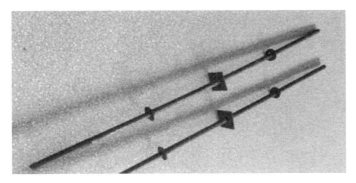

方形止水钢环穿墙螺栓实物图

施工工艺说明	方形止水钢环应设置在墙中线位置,并做好防腐蚀处理;螺栓拆除后需做防水处理
施工控制要点	方形止水钢环边长为 60mm＋螺栓直径 d,厚度为 5mm;迎水面增设附加防水层,附加防水层宽度≥600mm＋螺栓直径 d
质量通病防治	附加层涂料嵌填应密实、连续、饱满、粘结牢固
施工注意事项	用于固定模板的螺栓必须穿过混凝土结构时,可采用工具式螺栓或螺栓加堵头,螺栓上加焊止水钢环;拆模后留下的凹槽应用密封材料封堵密实,并用聚合物水泥砂浆抹平

010130 密封膏桩头防水

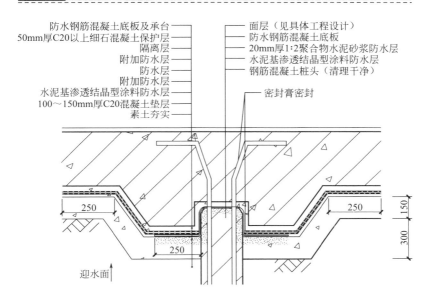

防水钢筋混凝土底板及承台
50mm厚C20以上细石混凝土保护层
隔离层
附加防水层
防水层
附加防水层
水泥基渗透结晶型涂料防水层
100～150mm厚C20混凝土垫层
素土夯实

面层（见具体工程设计）
防水钢筋混凝土底板
20mm厚1:2聚合物水泥砂浆防水层
水泥基渗透结晶型涂料防水层
钢筋混凝土桩头（清理干净）

密封膏密封

250   250

150

300

250

迎水面

密封膏桩头防水示意图

密封膏桩头防水施工现场图

施工工艺说明	密封膏桩头附近大于 250mm 范围内及桩头处需涂刷水泥基渗透结晶型涂料,桩头做砂浆防水层后与底板的防水卷材层交圈,桩头甩出钢筋周围用密封膏(遇水膨胀止水环)堵严,保证防水严密后进行底板施工
施工控制要点	桩头所用防水材料应具有良好的粘结性、湿固化性,并与垫层防水层连为一体。防水卷材与桩头相交部位防水需严密
质量通病防治	桩头部位防水砂浆与防水卷材交接处会存在缝隙,防治措施为在防水砂浆及防水卷材施工完成后,待防水砂浆终凝后在交接位置填嵌防水密封膏,保证接槎位置防水严密。桩头钢筋处清理不干净,易造成防水与钢筋处封闭不严密,易造成渗漏
施工注意事项	施工过程中注意防水成品保护及密封膏固定

010131 遇水膨胀止水条＋密封膏桩头防水

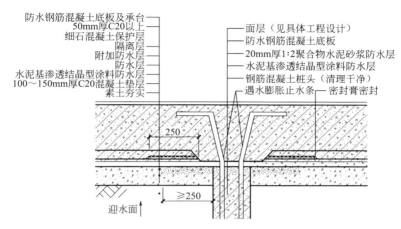

防水钢筋混凝土底板及承台
50mm厚C20以上
细石混凝土保护层
隔离层
附加防水层
防水层
水泥基渗透结晶型涂料防水层
100～150mm厚C20混凝土垫层
素土夯实

面层（见具体工程设计）
防水钢筋混凝土底板
20mm厚1:2聚合物水泥砂浆防水层
水泥基渗透结晶型涂料防水层
钢筋混凝土桩头（清理干净）
遇水膨胀止水条
密封膏密封

250

≥250

迎水面

遇水膨胀止水条＋密封膏桩头防水示意图

遇水膨胀止水条＋密封膏桩头防水施工现场图

施工工艺说明

桩头附近大于 250mm 范围内及桩头处需涂刷水泥基渗透结晶型涂料，桩头做砂浆防水层后与底板的防水卷材层交圈，桩头甩出钢筋周围用遇水膨胀止水条封严，保证防水严密后进行底板施工。

010132 窗井底板与地下室底板同标高防水做法

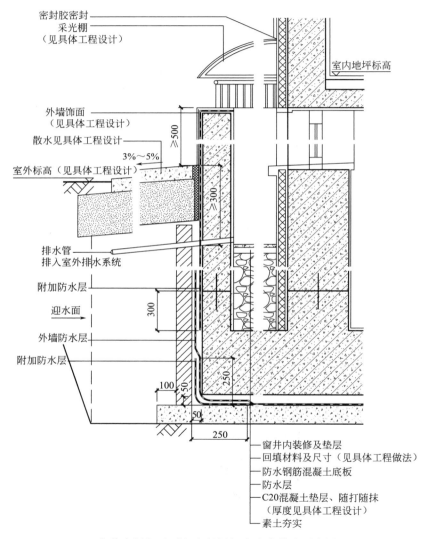

密封胶密封
采光棚
（见具体工程设计）

室内地坪标高

外墙饰面
（见具体工程设计）

散水见具体工程设计

3%～5%

室外标高（见具体工程设计）

≥500

≥300

排水管
排入室外排水系统

附加防水层

迎水面

外墙防水层

附加防水层

300

250

100
50
50

250

窗井内装修及垫层
回填材料及尺寸（见具体工程做法）
防水钢筋混凝土底板
防水层
C20混凝土垫层、随打随抹
（厚度见具体工程设计）
素土夯实

窗井底板与地下室底板同标高防水做法示意图

施工工艺说明	窗井外侧基层清理干净、平整,涂刷界面剂,做防水层及防水保护层,采用3∶7灰土回填夯实,并向外侧找坡
施工控制要点	外墙卷材保护层宜采用软质保护材料或铺抹20mm厚1∶2.5水泥砂浆;阴阳角、变形缝、施工缝及穿墙单管处增加附加防水层,附加防水层宽度不小500mm。防水卷材高出室外地坪不得小于500mm,收头采用密封材料封堵
质量通病防治	阴阳角处应做成圆弧形或45°坡角,其尺寸应根据卷材类型确定;窗井内的底板应低于窗下缘300mm。窗井墙高出室外地面不得小于500mm;窗井外地面应做散水,散水与墙面间应采用密封材料嵌填
施工注意事项	防水层施工完工后,应避免在其上凿孔打洞;当下道工序或相邻工程施工时,对已完工的防水层应采取保护措施,防止损坏;铺贴卷材严禁在雨天、雪天、五级及以上大风天气中施工;冷粘法、自粘法施工时环境气温不宜低于5℃,热熔法、焊接法施工时环境气温不宜低于−10℃。施工过程中遇下雨或下雪时,应做好已铺卷材的防护工作。密封材料嵌填应密实、连续、饱满、粘结牢固

010133 窗井底板与地下室底板不同标高防水做法

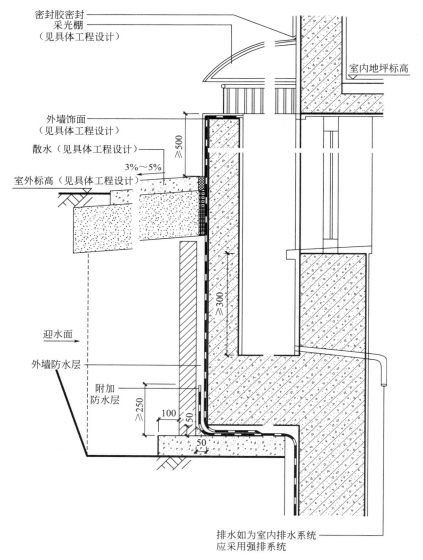

密封胶密封
采光棚
（见具体工程设计）

室内地坪标高

外墙饰面
（见具体工程设计）

散水（见具体工程设计）

≥500

3%～5%

室外标高（见具体工程设计）

≥300

迎水面

外墙防水层

附加
防水层

≥250

100

50

50

排水如为室内排水系统
应采用强排系统

窗井底板与地下室底板不同标高防水做法示意图

施工工艺说明	窗井外侧基层应清理干净、平整,涂刷界面剂,做防水层及防水保护层,采用 3∶7 灰土回填夯实,并向外侧找坡
施工控制要点	外墙卷材保护层宜采用软质保护材料或铺抹 20mm 厚 1∶2.5 水泥砂浆;阴阳角、变形缝、施工缝及穿墙管处增加附加防水层,附加防水层宽度不小于 500mm。卷材高出室外地坪不得小于 500mm,收头采用密封材料封堵
质量通病防治	阴阳角处应做成圆弧形或 45°坡角,其尺寸应根据卷材类型确定;窗井内的底板应低于窗下缘 300mm。窗井墙高出室外地面不得小于 500mm;窗井外地面应做散水,散水与墙面间应采用密封材料嵌填
施工注意事项	防水层完工后,应避免在其上凿孔打洞;当下道工序或相邻工程施工时,对已完工的防水层应采取保护措施,防止损坏;铺贴卷材严禁在雨天、雪天、五级及以上大风天气中进行;冷粘法、自粘法施工时环境气温不宜低于 5℃,热熔法、焊接法施工时环境气温不宜低于 −10℃。施工过程中遇下雨或下雪时,应做好已铺卷材的防护工作。密封材料嵌填应密实、连续、饱满,粘结牢固

010134 窗井与主体结构断开处防水做法

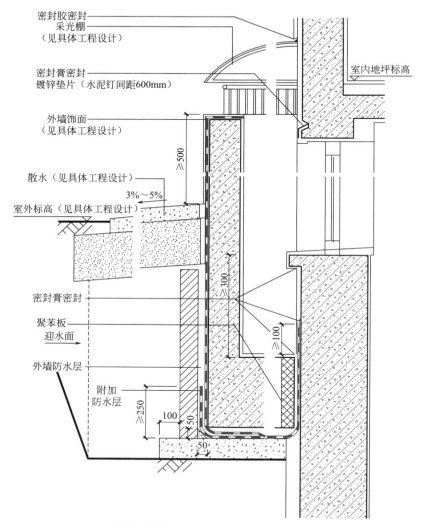

密封胶密封
采光棚
（见具体工程设计）

室内地坪标高

密封膏密封
镀锌垫片（水泥钉间距600mm）

外墙饰面
（见具体工程设计）

≥500

散水（见具体工程设计）

3%~5%

室外标高（见具体工程设计）

≥300

≥100

密封膏密封

聚苯板
迎水面

外墙防水层

附加
防水层

≥250

100

50

50

窗井与主体结构断开处防水做法示意图

施工工艺说明	窗井外侧基层应清理干净、平整,涂刷界面剂,做防水层及防水保护层,采用 3∶7 灰土回填夯实,并向外侧找坡
施工控制要点	外墙卷材收头至窗台下口,采用密封膏密封;窗井与结构连接处采用聚苯板;外墙卷材保护层宜采用软质保护材料或铺抹 20mm 厚 1∶2.5 水泥砂浆;阴阳角、变形缝、施工缝及穿墙管处增加附加防水层,附加防水层宽度不少 500mm。卷材高出室外地坪不得小于 500mm,收头采用密封材料封堵
质量通病防治	阴阳角处应做成圆弧形或 45°坡角,其尺寸应根据卷材类型确定;窗井内的底板应低于窗下缘 300mm。窗井墙高出室外地面不得小于 500mm;窗井外地面应做散水,散水与墙面间应采用密封材料嵌填
施工注意事项	防水层完工后,应避免在其上凿孔打洞;当下道工序或相邻工程施工时,对已完工的防水层应采取保护措施,防止损坏;铺贴卷材严禁在雨天、雪天、五级及以上大风天气中施工;冷粘法、自粘法施工时环境气温不宜低于 5℃,热熔法、焊接法施工时环境气温不宜低于－10℃。施工过程中遇下雨或下雪时,应做好已铺卷材的防护工作。密封材料嵌填应密实、连续、饱满,粘结牢固

010135 底板厚度＜300mm 的变形缝

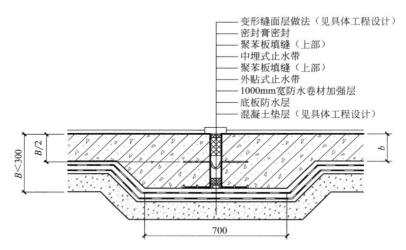

变形缝面层做法（见具体工程设计）
密封膏密封
聚苯板填缝（上部）
中埋式止水带
聚苯板填缝（上部）
外贴式止水带
1000mm宽防水卷材加强层
底板防水层
混凝土垫层（见具体工程设计）

底板厚度＜300mm 的变形缝示意图

底板厚度＜300mm 变形缝施工现场图

施工工艺说明	中埋式止水带埋设位置应准确,其中间空心圆环应与变形缝的中心线重合;止水带应固定,底板内止水带应成盆状安装;中埋式止水带一侧混凝土先施工时,其端模应支撑牢固,并应严防漏浆。密封材料嵌填施工时,缝内两侧基面应平整干净、干燥,并应涂刷与密封材料相容的基层处理剂;嵌缝底部应设置背衬材料;嵌填应密实连续、饱满,并应粘结牢固
施工控制要点	变形缝位置增加一道 1000mm 宽防水卷材加强层;变形缝处混凝土结构的厚度不应小于 300mm;小于 300mm 需要局部加厚处理,局部加厚底宽为 700mm,与结构底板成 45°;变形缝的宽度宜为 20～30mm
质量通病防治	变形缝用止水带、填缝材料和密封材料必须符合设计要求。接头宜采用热压焊接,接缝处应平整、牢固,不得有裂口和脱胶现象
施工注意事项	中埋式止水带在转弯处应做成圆弧形;外贴式止水带在变形缝与施工缝相交部位宜采用十字配件;变形缝用外贴式止水带的转角部位宜采用直角配件。变形缝处表面粘贴卷材或涂刷涂料前,应在缝上设置隔离层和加强层。1000mm 宽防水卷材加强层厚度应满足:改性沥青类防水卷材≥3mm,高分子防水卷材≥1.2mm

010136 底板厚度≥**300mm** 的变形缝

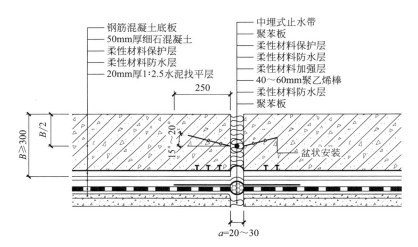

钢筋混凝土底板
50mm厚细石混凝土
柔性材料保护层
柔性材料防水层
20mm厚1:2.5水泥找平层

中埋式止水带
聚苯板
柔性材料保护层
柔性材料防水层
柔性材料加强层
40～60mm聚乙烯棒
柔性材料防水层
聚苯板

盆状安装

250

$B/2$

$B≥300$

15～20°

$a=20～30$

底板厚度≥300mm 变形缝示意图

底板厚度≥300mm 的变形缝施工现场图

施工工艺说明	中埋式止水带埋设位置应准确,其中间空心圆环应与变形缝的中心线重合;止水带应固定,底板内止水带应呈盆状安装;中埋式止水带一侧混凝土先施工时,其端模应支撑牢固,并应严防漏浆。密封材料嵌填施工时,缝内两侧基面应平整干净、干燥,并应涂刷与密封材料相容的基层处理剂;嵌缝底部应设置背衬材料;嵌填应密实连续、饱满,并应粘结牢固
施工控制要点	变形缝位置加设泡沫塑料棒其直径为 $\phi30mm\sim$ $\phi60mm$,并增加一道 1000mm 宽防水卷材加强层;变形缝的宽度宜为 20～30mm
质量通病防治	变形缝用止水带、填缝材料和密封材料必须符合设计要求。接头宜采用热压焊接,接缝处应平整、牢固,不得有裂口和脱胶现象
施工注意事项	中埋式止水带在转弯处应做成圆弧形;外贴式止水带在变形缝与施工缝相交部位宜采用十字配件;变形缝用外贴式止水带的转角部位宜采用直角配件。变形缝处表面粘结卷材或涂刷涂料前,应在缝上设置隔离层和加强层。1000mm 宽防水卷材加强层厚度应满足:改性沥青类防水卷材≥3mm;高分子防水卷材≥1.2mm

010137 顶板变形缝

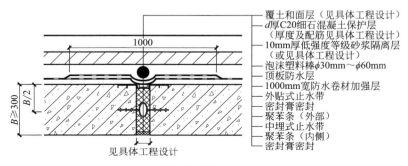

覆土和面层（见具体工程设计）
d厚C20细石混凝土保护层（厚度及配筋见具体工程设计）
10mm厚低强度等级砂浆隔离层（或见具体工程设计）
泡沫塑料棒ϕ30mm～ϕ60mm
顶板防水层
1000mm宽防水卷材加强层
外贴式止水带
密封膏密封
聚苯条（外部）
中埋式止水带
聚苯条（内侧）
密封膏密封

1000

$B \geqslant 300$
$B/2$

见具体工程设计

顶板变形缝示意图

中埋式塑料止水带

背贴式塑料止水带

顶板变形缝施工现场图

施工工艺说明	止水带应固定,顶板内止水带应呈盆状安装;中埋式止水带一侧混凝土先施工时,其端模应支撑牢固,并应严防漏浆。密封材料嵌填施工时,缝内两侧基面应平整干净、干燥,并应涂刷与密封材料相容的基层处理剂;嵌缝底部应设置背衬材料;嵌填应密实连续、饱满,并应粘结牢固
施工控制要点	变形缝位置加设泡沫塑料棒 $\phi30\text{mm}\sim\phi60\text{mm}$,并增加一道 1000mm 宽防水卷材加强层;变形缝的宽度宜为 $20\sim30\text{mm}$
质量通病防治	变形缝用止水带、填缝材料和密封材料必须符合设计要求。接头宜采用热压焊接,接缝处应平整、牢固,不得出现裂口和脱胶现象
施工注意事项	外贴式止水带在变形缝与施工缝相交部位宜采用十字配件;变形缝用外贴式止水带的转角部位宜采用直角配件。变形缝处表面粘结卷材或涂刷涂料前,应在缝上设置隔离层和加强层。1000mm 宽防水卷材加强层厚度应满足:改性沥青类防水卷材≥3mm;高分子防水卷材≥1.2mm

010138 中埋式止水带与可卸式止水带

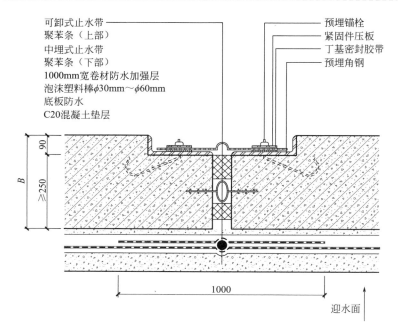

可卸式止水带
聚苯条（上部）
中埋式止水带
聚苯条（下部）
1000mm宽卷材防水加强层
泡沫塑料棒$\phi30mm\sim\phi60mm$
底板防水
C20混凝土垫层

预埋锚栓
紧固件压板
丁基密封胶带
预埋角钢

90
B
≥250
1000
迎水面

中埋式止水带与可卸式止水带示意图

中埋式止水带与可卸式止水带施工现场图

施工工艺说明	中埋式止水带埋设位置应准确,其中间空心圆环应与变形缝的中心线重合;止水带应固定,底板内止水带应呈盆状安装;中埋式止水带一侧混凝土先施工时,其端模应支撑牢固,并应严防漏浆。可卸式止水带所需配件应一次配齐;转角处应45°折角,并应增加紧固件的数量。密封材料嵌填施工时,缝内两侧基面应平整干净、干燥,并应涂刷与密封材料相容的基层处理剂;嵌缝底部应设置背衬材料;嵌填应密实连续、饱满,并应粘结牢固
施工控制要点	变形缝位置应加设一道1000mm宽防水卷材加强层,并增加泡沫塑料棒$\phi30mm\sim\phi60mm$;变形缝的宽度宜为20~30mm
质量通病防治	变形缝用止水带、填缝材料和密封材料必须符合设计要求。中埋式止水带接头宜采用热压焊接,接缝处应平整、牢固,不得有裂口和脱胶现象
施工注意事项	中埋式止水带在转弯处应做成圆弧形;变形缝处表面粘结卷材或涂刷涂料前,应在缝上设置隔离层和加强层。1000mm宽防水卷材加强层厚度应满足:改性沥青类防水卷材≥3mm;高分子防水卷材≥1.2mm

010139 外墙变形缝

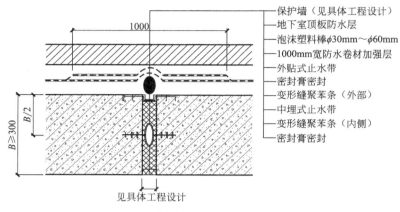

外墙变形缝示意图

保护墙（见具体工程设计）
地下室顶板防水层
泡沫塑料棒φ30mm～φ60mm
1000mm宽防水卷材加强层
外贴式止水带
密封膏密封
变形缝聚苯条（外部）
中埋式止水带
变形缝聚苯条（内侧）
密封膏密封

1000
$B \geqslant 300$
$B/2$
见具体工程设计

外墙变形缝实物图

施工工艺说明	中埋式止水带埋设位置应准确,其中间空心圆环应与变形缝的中心线重合;止水带应固定,底板内止水带应呈盆状安装;中埋式止水带一侧混凝土先施工时,其端模应支撑牢固,并应严防漏浆。密封材料嵌填施工时,缝内两侧基面应平整干净、干燥,并应涂刷与密封材料相容的基层处理剂;嵌缝底部应设置背衬材料;嵌填应密实连续、饱满,并应粘结牢固
施工控制要点	变形缝位置加设泡沫塑料棒 $\phi 30mm \sim \phi 60mm$,并增加一道 1000mm 宽防水卷材加强层;变形缝的宽度宜为 $20 \sim 30mm$
质量通病防治	外墙变形缝密封材料封堵不严,嵌缝胶耐候性不达标,嵌缝胶不饱满。使用材料应符合设计和规范要求,变形缝用止水带、填缝材料和密封材料必须符合设计要求。接头宜采用热压焊接,接缝处应平整、牢固,不得出现裂口和脱胶现象
施工注意事项	外贴式止水带在变形缝与施工缝相交部位宜采用十字配件;变形缝用外贴式止水带的转角部位宜采用直角配件。变形缝处表面粘结卷材或涂刷涂料前,应在缝上设置隔离层和加强层。1000mm 宽防水卷材加强层厚度应满足:改性沥青类防水卷材≥3mm;高分子防水卷材≥1.2mm

010140 外墙中埋式钢板止水带

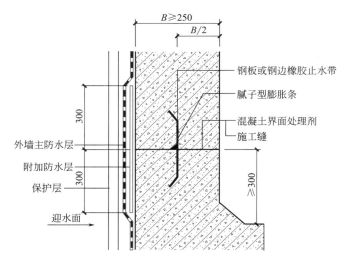

外墙中埋式钢板止水带示意图

外墙中埋式钢板止水带施工现场图

施工工艺说明	中埋式止水带埋设位置应准确,施工缝处涂刷混凝土界面剂
施工控制要点	迎水面附加一道宽度为 600mm 的防水层,附加防水层可选择的涂料有:有机防水涂料、水泥基渗透结晶型防水涂料、聚合物水泥砂浆防水涂料;钢板止水带宽度为 250～350mm,厚度为 2～3mm,两端端头呈 30°,长 30mm
质量通病防治	止水带连接处焊缝有漏焊、止水带固定不牢靠、混凝土浇筑时造成止水带位置变化,会影响止水效果。在施工缝处继续浇筑混凝土时,已浇筑的混凝土抗压强度不应小于 1.2MPa;施工缝浇筑混凝土前,应将其表面浮浆和杂物清理干净,再涂刷混凝土界面剂
施工注意事项	墙体水平施工缝应留设在高出底板表面不少于 300mm 的墙上。拱、板与墙结合的水平施工缝,宜留在拱、板与墙交接处以下 150～300mm 处;垂直施工缝应避开地下水和裂隙水较多的地段,并宜与变形缝相结合;腻子型膨胀条应与施工缝基面及钢板面密贴

010141 丁基橡胶钢板止水带

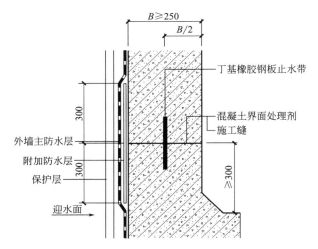

丁基橡胶钢板止水带示意图

丁基橡胶钢板止水带施工现场图

施工工艺说明	丁基橡胶钢板止水带埋设位置应准确,施工缝处涂刷混凝土界面剂
施工控制要点	迎水面附加一道宽度为 600mm 的防水层,附加防水层可选择的涂料有:有机防水涂料、水泥基渗透结晶型防水涂料、聚合物水泥砂浆防水涂料;丁基橡胶钢板止水带宽度为 250mm,厚度为 4.6~6.6mm,内侧镀锌钢板为 0.4mm×230mm,两边丁基橡胶腻子宽为 2~3mm
质量通病防治	在施工缝处继续浇筑混凝土时,已浇筑的混凝土抗压强度不应小于 1.2MPa;施工缝浇筑混凝土前,应将其表面浮浆和杂物清理干净,再涂刷混凝土界面剂
施工注意事项	墙体水平施工缝应留设在高出底板表面不小于 300mm 的墙体上。拱、板与墙结合的水平施工缝,宜留在拱、板与墙交接处以下 150~300mm 处;垂直施工缝应避开地下水和裂隙水较多的地段,并宜与变形缝相结合

010142 中埋式止水带

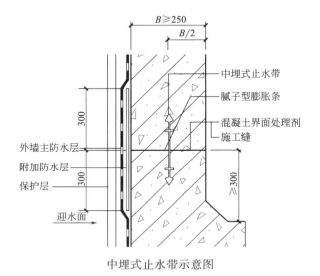

中埋式止水带示意图

中埋式止水带施工现场图

施工工艺说明	中埋式止水带埋设位置应准确,其中间空心圆环应与变形缝的中心线重合;施工缝处涂刷混凝土界面处理剂
施工控制要点	迎水面附加一道宽度为 600mm 的防水层,附加防水层可选择的涂料有:有机防水涂料、水泥基渗透结晶型防水涂料、聚合物水泥砂浆防水涂料。中埋式橡胶止水带宽度应≥250mm
质量通病防治	在施工缝处继续浇筑混凝土时,已浇筑的混凝土抗压强度不应小于 1.2MPa;施工缝浇筑混凝土前,应将其表面浮浆和杂物清理干净,再涂刷混凝土界面剂
施工注意事项	墙体水平施工缝应留设在高出底板表面不小于 300mm 的墙体上。拱、板与墙结合的水平施工缝,宜留在拱、板与墙交接处以下 150～300mm 处;垂直施工缝应避开地下水和裂隙水较多的地段,并宜与变形缝相结合

010143 外贴式橡胶止水带

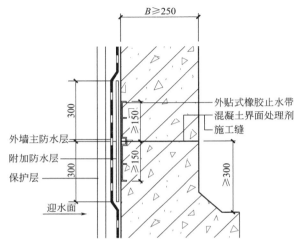

外贴式橡胶止水带示意图

外贴式橡胶止水带施工现场图

施工工艺说明	外贴式橡胶止水带埋设位置应准确,固定应牢靠;施工缝处涂刷混凝土界面剂
施工控制要点	迎水面附加一道宽度为 600mm 的防水层,附加防水层可选择的涂料有:有机防水涂料、水泥基渗透结晶型防水涂料、聚合物水泥砂浆防水涂料;外贴式橡胶止水带宽度应≥300mm
质量通病防治	在施工缝处继续浇筑混凝土时,已浇筑的混凝土抗压强度不应小于 1.2MPa;施工缝浇筑混凝土前,应将其表面浮浆和杂物清理干净,再涂刷混凝土界面处理剂
施工注意事项	墙体水平施工缝应留设在高出底板表面不小于 300mm 的墙体上。拱、板与墙结合的水平施工缝,宜留在拱、板与墙交接处以下 150～300mm 处;垂直施工缝应避开地下水和裂隙水较多的地段,并宜与变形缝相结合

010144 遇水膨胀止水条与砂浆复合止水

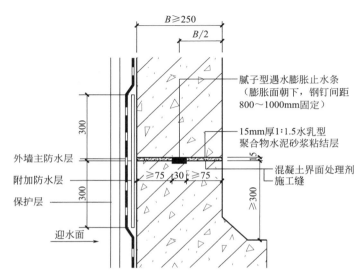

遇水膨胀止水条与砂浆复合止水示意图

遇水膨胀止水条与砂浆复合止水施工现场图

施工工艺说明	施工缝处涂刷混凝土界面处理剂;抹 15mm 厚 1∶1.5 水乳型聚合物水泥砂浆粘结层;遇水膨胀止水条应具有缓膨胀性能;遇水膨胀止水条应埋设在墙中线位置,并牢固地安装在缝表面或预留凹槽内
施工控制要点	遇水膨胀止水条膨胀面朝下,钢钉应间距 800～1000mm 固定;迎水面附加一道宽度为 600mm 的防水层,附加防水层可选择的涂料有:有机防水涂料、水泥基渗透结晶型防水涂料、聚合物水泥砂浆防水涂料
质量通病防治	遇水膨胀止水条与施工缝墙体水平施工缝应留设在高出底板表面不小于 300mm 的墙体上。拱、板与墙结合的水平施工缝,宜留在拱、板与墙交接处以下 150～300mm 处;垂直施工缝应避开地下水和裂隙水较多的地段,并宜与变形缝相结合
施工注意事项	遇水膨胀止水条与施工缝墙体水平施工缝应留设在高出底板表面不小于 300mm 的墙体上。拱、板与墙结合的水平施工缝,宜留在拱、板与墙交接处以下 150～300mm 处;垂直施工缝应避开地下水和裂隙水较多的地段,并宜与变形缝相结合

010145 遇水膨胀止水条

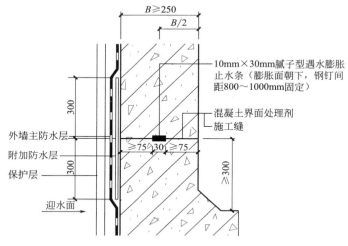

10mm×30mm腻子型遇水膨胀
止水条（膨胀面朝下，钢钉间
距800～1000mm固定）

混凝土界面处理剂

施工缝

外墙主防水层

附加防水层

保护层

迎水面

遇水膨胀止水条示意图

遇水膨胀止水条施工现场图

施工工艺说明	施工缝处涂刷混凝土界面剂;遇水膨胀止水条应具有缓膨胀性能;遇水膨胀止水条应埋设在墙中线位置,并牢固地安装在缝表面或预留凹槽内
施工控制要点	遇水膨胀止水条膨胀面朝下,钢钉间距 800～1000mm 固定;迎水面附加一道宽度为 600mm 的防水层,附加防水层可选择的涂料有:有机防水涂料、水泥基渗透结晶型防水涂料、聚合物水泥砂浆防水涂料
质量通病防治	在施工缝处继续浇筑混凝土时,已浇筑的混凝土抗压强度不应小于 1.2MPa;施工缝浇筑混凝土前,应将其表面浮浆和杂物清理干净,再涂刷混凝土界面处理剂;止水条与施工缝基面应密贴,中间不得出现空鼓、脱离等现象
施工注意事项	墙体水平施工缝应留设在高出底板表面不小于 300mm 的墙体上。拱、板与墙结合的水平施工缝,宜留在拱、板与墙交接处以下 150～300mm 处;垂直施工缝应避开地下水和裂隙水较多的地段,并宜与变形缝相结合

010146 超前止水底板后浇带防水构造

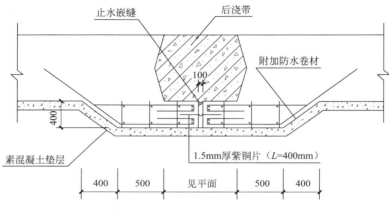

超前止水底板后浇带防水构造示意图

超前止水底板后浇带防水构造施工现场图

施工工艺说明	后浇带应采用补偿收缩混凝土浇筑,其抗渗和抗压强度等级不应低于两侧混凝土;后浇带应设在受力和变形较小的部位,其间距和位置应按结构设计要求确定,宽度宜为 700～1000mm;后浇带两侧可做成平直缝或阶梯缝
施工控制要点	后浇带混凝土应一次浇筑,不得留设施工缝;混凝土浇筑后应及时养护,养护时间不得少于 28d;后浇带位置应增设一道防水加强层,宜直接置于结构混凝土面;超前止水底板中线位置设置 1.5mm 厚紫铜片
质量通病防治	后浇带混凝土施工前,后浇带和外贴式止水带部位应防止落入杂物和损伤外贴止水带;后浇带两侧的接缝用界面剂处理
施工注意事项	后浇带部位的混凝土应局部加厚,并应增设外贴式或中埋式止水带;采用膨胀剂拌制补偿收缩混凝土时,应按配合比准确计量;后浇带应在其两侧混凝土龄期达到 42d 后(或设计规定时间后)再施工;防水加强层可选用 2mm 厚合成高分子防水涂料(延伸率要求不小于 200%)或 2mm 厚自粘橡胶改性沥青防水卷材粘结

010147 外墙后浇带防水构造

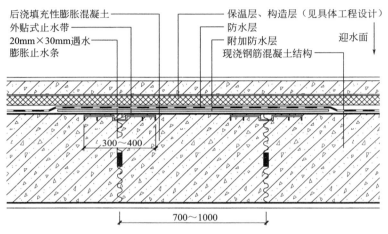

后浇填充性膨胀混凝土
外贴式止水带
20mm×30mm遇水膨胀止水条

保温层、构造层（见具体工程设计）
防水层
附加防水层
现浇钢筋混凝土结构
迎水面

300～400

700～1000

外墙后浇带防水构造示意图

外墙后浇带防水施工现场图

施工工艺说明	后浇带应采用补偿收缩混凝土浇筑,其抗渗和抗压强度等级不应低于两侧混凝土;后浇带应设在受力和变形较小的部位,其间距和位置应按结构设计要求确定,宽度宜为700～1000mm;后浇带两侧可做成平直缝或阶梯缝
施工控制要点	后浇带混凝土应一次浇筑,不得留设施工缝;混凝土浇筑后应及时养护,养护时间不得少于28d;后浇带位置应增设一道防水加强层,宜直接置于结构混凝土面;外墙中线位置设置20mm×30mm遇水膨胀止水条
质量通病防治	后浇带混凝土施工前,后浇带和外贴式止水带部位应防止落入杂物和损伤外贴止水带;后浇带两侧的接缝用界面剂处理
施工注意事项	采用膨胀剂拌制补偿收缩混凝土时,应按配合比准确计量;后浇带应在其两侧混凝土龄期达到42d后再施工;高层建筑的后浇带施工应按规定时间进行;防水加强层可选用2mm厚合成高分子防水涂料(延伸率要求不小于200%)或2mm厚自粘橡胶改性沥青防水卷材粘结

010148 底板后浇带防水构造

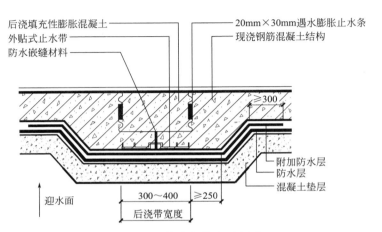

后浇填充性膨胀混凝土 —————————————— 20mm×30mm遇水膨胀止水条
外贴式止水带 —————————————————— 现浇钢筋混凝土结构
防水嵌缝材料 ————

≥300

附加防水层
防水层
混凝土垫层

迎水面

300～400   ≥250

后浇带宽度

底板后浇带防水构造示意图

底板后浇带防水施工现场图

施工工艺说明	后浇带应采用补偿收缩混凝土浇筑,其抗渗和抗压强度等级不应低于两侧混凝土;后浇带应设在受力和变形较小的部位,其间距和位置应按结构设计要求确定,宽度宜为700～1000mm;后浇带两侧可做成平直缝或阶梯缝
施工控制要点	后浇带混凝土应一次浇筑,不得留设施工缝;混凝土浇筑后应及时养护,养护时间不得少于28d;后浇带位置应增设一道防水加强层,宜直接置于结构混凝土面;底板中线位置设置20mm×30mm遇水膨胀止水条
质量通病防治	后浇带混凝土施工前,后浇带和外贴式止水带部位应防止落入杂物和损伤外贴止水带;后浇带两侧的接缝用界面剂处理
施工注意事项	采用膨胀剂拌制补偿收缩混凝土时,应按配合比准确计量;后浇带应在其两侧混凝土龄期达到42d后再施工;高层建筑的后浇带施工应按规定时间进行;防水加强层可选用2mm厚合成高分子防水涂料(延伸率要求不小于200%)或2mm厚自粘橡胶改性沥青防水卷材粘结

010149 遇水膨胀止水条配合外贴止水带顶板后浇带

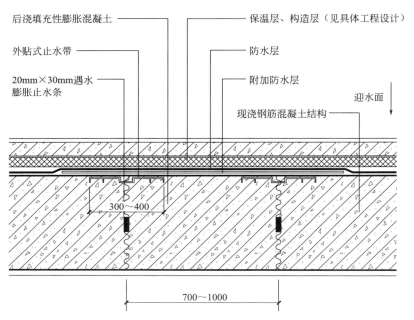

遇水膨胀止水条配合外贴止水带顶板后浇带示意图

施工工艺说明	后浇带应采用补偿收缩混凝土浇筑,其抗渗和抗压强度等级不应低于两侧混凝土;后浇带应设在受力和变形较小的部位,其间距和位置应按结构设计要求确定,宽度宜为 700～1000mm;后浇带两侧可做成平直缝或阶梯缝
施工控制要点	后浇带混凝土应一次浇筑,不得留设施工缝;混凝土浇筑后应及时养护,养护时间不得少于 28d;后浇带位置应增设一道防水加强层,宜直接置于结构混凝土面;顶板中线位置设置 20mm×30mm 遇水膨胀止水条
质量通病防治	后浇带混凝土施工前,后浇带和外贴式止水带部位应防止落入杂物和损伤外贴止水带;后浇带两侧的接缝用界面剂处理。外贴式止水带宽度为 300～400mm
施工注意事项	采用膨胀剂拌制补偿收缩混凝土时,应按配合比准确计量;后浇带应在其两侧混凝土龄期达到 42d 后再施工;高层建筑的后浇带施工应按规定时间进行;防水加强层可选用 2mm 厚合成高分子防水涂料(延伸率要求不小于 200%)或 2mm 厚自粘橡胶改性沥青防水卷材粘结

010150 丁基钢板配合外贴止水带顶板后浇带

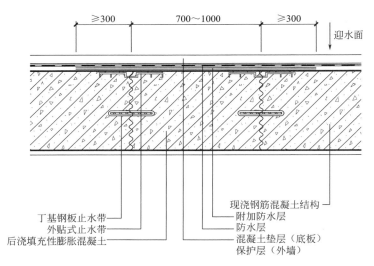

丁基钢板配合外贴止水带顶板后浇带示意图

丁基钢板配合外贴止水带顶板后浇带施工现场图

施工工艺说明	后浇带应采用补偿收缩混凝土浇筑,其抗渗和抗压强度等级不应低于两侧混凝土;后浇带应设在受力和变形较小的部位,其间距和位置应按结构设计要求确定,宽度宜为 700～1000mm;后浇带两侧可做成平直缝或阶梯缝
施工控制要点	后浇带混凝土应一次浇筑,不得留设施工缝;混凝土浇筑后应及时养护,养护时间不得少于 28d;后浇带位置应增设一道防水加强层,宜直接置于结构混凝土面;底板中线位置设置丁基钢板止水带
质量通病防治	后浇带混凝土施工前,后浇带和外贴式止水带部位应防止落入杂物和损伤外贴止水带;后浇带两侧的接缝用界面剂处理
施工注意事项	采用膨胀剂拌制补偿收缩混凝土时,应按配合比准确计量;后浇带应在其两侧混凝土龄期达到 42d 后再施工;高层建筑的后浇带施工应按规定时间进行;防水加强层可选用 2mm 厚合成高分子防水涂料(延伸率要求不小于 200%)或 2mm 厚自粘橡胶改性沥青防水卷材粘结

010151 墙体预埋螺栓处防水做法

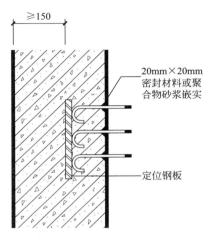

墙体预埋螺栓处防水做法示意图

施工工艺说明	埋设件位置应准确,固定牢靠;埋设件应进行防腐处理
施工控制要点	埋设件端部的混凝土厚度不得小于150mm;水面的埋设件周围应预留凹槽,凹槽内应用密封材料填实
质量通病防治	密封材料嵌填应密实、连续、饱满,粘结牢固;预留孔、槽内的防水层应与主体防水层保持连续
施工注意事项	混凝土施工时,应注意密封材料预留凹槽与预埋螺栓之间位置关系,确保密封材料或聚合物砂浆施工后与预埋螺栓连接紧密

010152 底板预埋钢板处防水做法

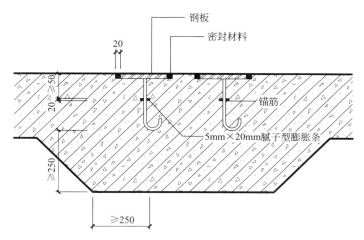

底板预埋钢板处防水做法示意图

底板预埋钢板处防水做法施工现场图

施工工艺说明	埋设件位置应准确,固定牢靠;埋设件应进行防腐处理
施工控制要点	埋设件端部或预留孔、槽底部的混凝土厚度不得小于250mm;当混凝土厚度小于250mm时,应局部加厚或采取其他防水措施;结构迎水面的埋设件周围应预留凹槽,凹槽内应用密封材料填实
质量通病防治	密封材料嵌填应密实、连续、饱满,粘结牢固;预留孔、槽内的防水层应与主体防水层保持连续
施工注意事项	锚筋距预埋钢板顶面≥50mm处,增设5mm×20mm腻子型膨胀条

010153 底板预埋螺栓处防水做法

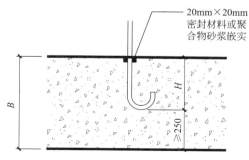

底板预埋螺栓处防水做法示意图

施工工艺说明	埋设件位置应准确,固定牢靠;埋设件应进行防腐处理
施工控制要点	埋设件端部或预留孔、槽底部的混凝土厚度不得小于250mm;当混凝土厚度小于250mm 时,应局部加厚或采取其他防水措施;结构迎水面的埋设件周围应预留凹槽,凹槽内应用密封材料填实
质量通病防治	密封材料嵌填应密实、连续、饱满,粘结牢固;预留孔、槽内的防水层应与主体防水层保持连续
施工注意事项	混凝土施工时,应注意密封材料预留凹槽与预埋螺栓之间位置关系,确保密封材料或聚合物砂浆施工后与螺栓连接紧密

010154 附加防水卷材收头

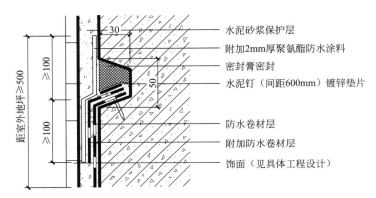

水泥砂浆保护层
附加2mm厚聚氨酯防水涂料
密封膏密封
水泥钉（间距600mm）镀锌垫片
防水卷材层
附加防水卷材层
饰面（见具体工程设计）

距室外地坪≥500
≥100
≥100
30
50

附加防水卷材收头示意图

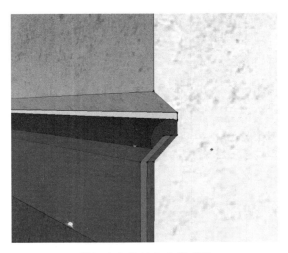

附加防水卷材收头模型图

施工工艺说明	附加防水卷材收头位置结构预留深 30mm、高 50mm 的梯形凹槽,防水卷材层及附加防水卷材层均由槽内伸至槽底,并用水泥钉加镀锌垫片、宽度不小于 20mm 防锈金属压条钉紧,水泥钉间距 600mm,附加防水层沿预留槽向下延伸,其长度≥100mm。剩余凹槽使用密封膏填严后涂刷 2mm 厚聚氨酯防水涂料
施工控制要点	确保密封膏严密,防水涂料、防水卷材质量及长度符合要求。聚氨酯附加防水层施工完成后注意成品保护
质量通病防治	卷材收头必须用压条钉压,用密封材料封口,并加做保护层。严格控制滚压质量及滚压顺序,应注意用手持压辊滚压转角处的卷材
施工注意事项	铺贴卷材严禁在雨天、雪天、五级及以上大风天气中施工;冷粘法、自粘法施工时环境气温不宜低于 5℃,热熔法、焊接法施工时环境气温不宜低于−10℃

010155 附加聚氨酯防水涂料防水层收头

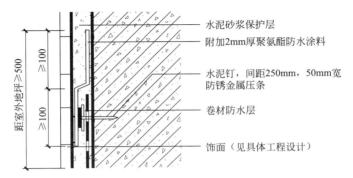

附加聚氨酯防水涂料防水层收头示意图

（图中标注）
- 水泥砂浆保护层
- 附加2mm厚聚氨酯防水涂料
- 水泥钉，间距250mm，50mm宽防锈金属压条
- 卷材防水层
- 饰面（见具体工程设计）
- 距室外地坪≥500
- ≥100
- ≥100

附加聚氨酯防水涂料防水层收头施工现场图

施工工艺说明

　　防水卷材收头位置固定50mm宽防锈金属压条，并用水泥钉钉紧，水泥钉间距250mm。后增加2mm厚聚氨酯防水涂料附加层，附加层宽度应符合相关规定。

010156 附加水泥基渗透结晶防水层收头

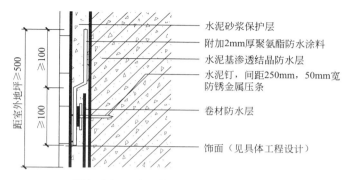

附加水泥基渗透结晶防水层收头示意图

图中标注：
- 水泥砂浆保护层
- 附加2mm厚聚氨酯防水涂料
- 水泥基渗透结晶防水层
- 水泥钉，间距250mm，50mm宽防锈金属压条
- 卷材防水层
- 饰面（见具体工程设计）
- 距室外地坪≥500
- ≥100
- ≥100

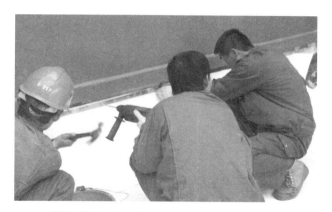

附加水泥基渗透结晶防水层收头施工现场图

施工工艺说明

　　防水卷材施工前，在结构外涂刷水泥基渗透结晶防水层。防水卷材收头位置固定50mm宽防锈金属压条，并用水泥钉钉紧，水泥钉间距250mm。后增加2mm厚聚氨酯防水附加层，附加层宽度应符合相关规定。

010157 水泥钉十密封膏收头

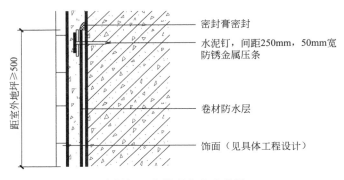

密封膏密封

水泥钉，间距250mm，50mm宽
防锈金属压条

卷材防水层

饰面（见具体工程设计）

距室外地坪≥500

水泥钉十密封膏收头示意图

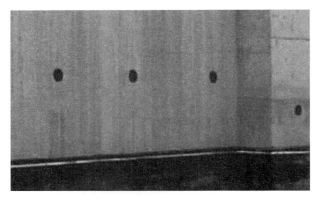

水泥钉十密封膏收头施工现场图

施工工艺说明

　　防水卷材收头位置固定50mm宽防锈金属压条，并用水泥钉钉紧，水泥钉间距250mm。后在防水卷材顶部增加密封膏，以保证收头严密。

010158 卷材弯折至水平构件收头

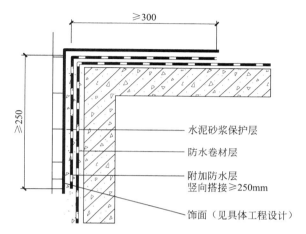

水泥砂浆保护层

防水卷材层

附加防水层
竖向搭接≥250mm

饰面（见具体工程设计）

卷材弯折至水平构件收头示意图

卷材弯折至水平构件收头施工现场图

施工工艺说明

地下外墙防水卷材弯折至水平构件收头处，应增设附加防水层，附加防水层竖向搭接应≥250mm，弯折后水平部分应≥300mm。

010159 卷材弯折至水平构件加密封膏收头

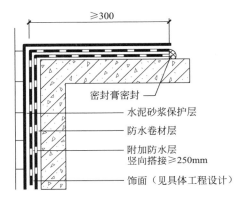

卷材弯折至水平构件加密封膏收头示意图

- 密封膏密封
- 水泥砂浆保护层
- 防水卷材层
- 附加防水层
  竖向搭接≥250mm
- 饰面（见具体工程设计）

≥300

卷材弯折至水平构件加密封膏收头施工现场图

施工工艺说明

　　地下外墙防水弯折至水平构件加密封膏收头做法应附加防水卷材层，附加防水层竖向搭接应≥250mm，弯折后水平部分应≥300mm。在水平防水层端部增加密封膏。

010160 防水卷材层甩槎

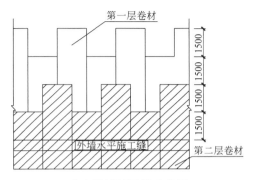

防水卷材层甩槎示意图

防水卷材层甩槎施工现场图

施工工艺说明

　　铺贴双层卷材时，上下两层和相邻两幅卷材的接缝应错开 1/3～1/2 幅宽，且两层卷材不得相互垂直铺贴。防水卷材搭接宽度应准确，接缝牢固，平立面卷材及搭接部位卷材铺贴后表面应平整，无皱折、鼓泡、翘边现象，横竖接缝平直、美观。

010161 防水收头在散水处构造

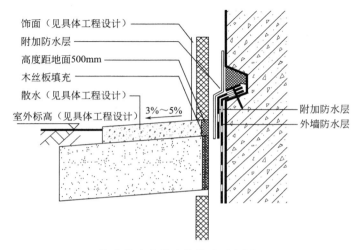

饰面（见具体工程设计）
附加防水层
高度距地面500mm
木丝板填充
散水（见具体工程设计）
室外标高（见具体工程设计）
3%～5%
附加防水层
外墙防水层

防水收头在散水处构造示意图 1

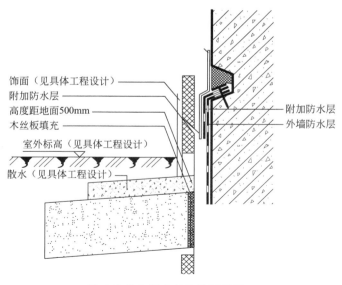

饰面（见具体工程设计）
附加防水层
高度距地面500mm
木丝板填充
室外标高（见具体工程设计）
散水（见具体工程设计）
附加防水层
外墙防水层

防水收头在散水处构造示意图 2

施工工艺说明	防水收口位置设置在高于室外地坪 500mm 处,附加防水层末端先用 1mm×42mm 防锈金属压条钢钉或水泥钉固定(间距 250mm),再用密封胶将上口密封。散水与外墙之间预留 20mm 宽的缝隙,采用密封膏灌严
施工控制要点	铝合金压条应与墙面固定牢固且密封胶应连续无漏打
质量通病防治	防水收口高度不够、端部固定不牢、密封不严造成渗漏,应严格按工艺要求操作,加强验收。外墙装饰施工时避免将防水层破坏的预防措施:提前将防水高度告知外墙装饰施工队伍,避开防水铺设位置
施工注意事项	铺贴卷材严禁在雨天、雪天、五级及以上大风天气中施工;冷粘法、自粘法施工时环境气温不宜低于 5℃,热熔法、焊接法施工时环境气温不宜低于 -10℃。施工过程中遇下雨或下雪时,应做好已铺卷材的防护工作。采用热熔法施工应加热均匀,不得加热不足或烧穿卷材,搭接缝部位应溢出热熔的改性沥青

第二节 • 厕浴间防水

010201 基层处理要求

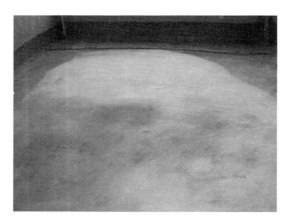

基层处理施工现场图

施工工艺说明	将基层表面上的灰皮用铲刀除掉，用扫把将尘土、砂粒等杂物清扫干净
施工控制要点	基层必须坚实、牢固、平整，不得有明显裂缝、蜂窝、松动、酥松起砂、起皮、倒坡和高低不平现象，裂缝和接缝必须用嵌缝材料嵌填、补平，阴阳角应做成圆弧形
质量通病防治	基层应清理干净，尤其是管根、地漏和排水口等部位要仔细清理。如有油污时，应用钢丝刷和砂纸刷掉，不平处应修补处理，并做好基层清理的隐蔽验收工作
施工注意事项	对厕浴间基层标高复核，特别注意地漏的标高正确；对地漏、管根部洞口要仔细检查，确保密实、质量合格；阴阳角应做成圆弧形，并顺直、光滑

010202 基层管根处理

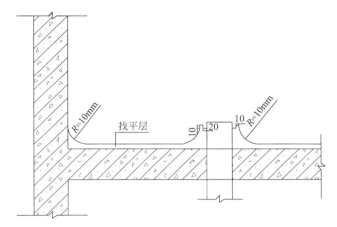

基层管根处理示意图

基层管根处理施工现场图

施工工艺说明	厕浴间管根与楼板四周缝隙用干拌砂浆或细石混凝土封堵，并设置凹槽，凹槽内嵌填密封膏，管根部位要抹成平整光滑的八字坡
施工控制要点	管根部位均要抹成半径为 10mm、均匀一致、平整光滑的八字坡；基层涂刷防水涂料前，在突出地面和墙面的管根部位，应做附加层增强，附加层每边宽度不应小于 250mm。穿越楼板的管道应设置防水套管，高度应高出地面 50mm；套管与管道间应采用防水密封材料嵌填压实
质量通病防治	管根孔洞在立管定位后，楼板四周缝隙用干拌砂浆堵严。缝隙大于 200mm 时，可用细石防水混凝土堵严，并做底模。在管根与混凝土（或水泥砂浆）之间应留凹槽，槽深 10mm、宽 20mm，凹槽内嵌填密封膏
施工注意事项	要认真核对图纸，依据图纸准确定位管道穿楼板预留洞的位置，管道纵横尺寸和上下水管道之间的距离掌握准确，并认真配合土建施工，不能遗漏，避免剔凿楼板。个别上下管洞如偏离预留位置，应尽早调整

010203 基层墙角处理

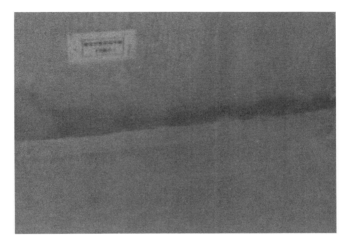

基层墙角处理施工现场图

施工工艺说明	墙面与地面交接墙角处均做成 $R=10\text{mm}$ 的圆弧形，地面与墙面阴阳角设附加层增强
施工控制要点	墙面与地面交接墙角圆弧形八字坡表面应洁净、平整；防水涂膜施工应先进行地面与墙面阴阳角处附加层施工，再进行四周立墙防水层施工；地面四周与墙体连接处，防水层往墙面上翻 250mm 以上
质量通病防治	在管根、地漏、阴阳角等容易漏水的薄弱部位用油漆刷蘸搅拌好的涂料均匀涂刷，不得漏涂（地面与墙角交接处，防水层往墙面上翻 250mm 以上）。常温 4h 表干后，再刷第二道涂膜防水涂料，24h 实干后即可进行大面积涂膜防水层施工，每层附加层厚度宜为 0.6mm
施工注意事项	阴阳角等易发生渗漏的部位，应做附加层增补；墙体与地面之间的接缝以及上下水管道与地面的接缝处，是最容易出现问题的部位，所以这些部位一定要格外注意，处理一定要细致

010204 厕浴间防水坡度要求

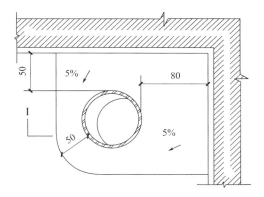

转角墙下水管防水构造剖面图

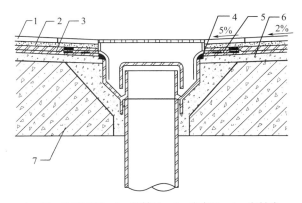

1—楼、地面面层；2—粘结层；3—防水层；4—密封胶；
5—加强层；6—找坡、找平层；7—钢筋混凝土楼板
防水构造示意图

厕浴间防水坡度实物图

施工工艺说明	地面向地漏处排水坡度应为 2%。地漏处排水坡度，从地漏边缘向外 50mm 内排水坡度为 5%。大面积公共厕浴间地面应分区，每个分区设一个地漏。区域内排水坡度为 2%，坡度直线长度不大于 3m。公共厕浴间的门厅地面可以不设坡度
施工控制要点	防水找平层施工应在找坡层施工之后进行，与墙交接处及转角处、管根部，均要抹成半径为 10mm 的均匀一致、平整光滑的小圆角，要用专用抹子。凡是靠墙的管根处均要抹出 5% 坡度，不得局部积水
质量通病防治	地面排水不畅，主要原因是地面面层及找坡层施工时未按设计要求找坡，找平层未做泼水检查且未修补，造成做防水和地面面层后倒坡存水。因此在涂膜防水层施工之前，先检查基层坡度是否符合要求，与设计不符时，应进行处理再做防水，面层施工时也要按设计要求找坡
施工注意事项	排水坡度、地漏等细部做法均应符合设计要求和施工规范的规定，不得出现积水和渗水现象；基层做防水涂料之前，在突出地面和墙面的管根、地漏、排水口、阴阳角等易发生渗漏的部位，应做附加层增补

010205 厕浴间防水范围要求

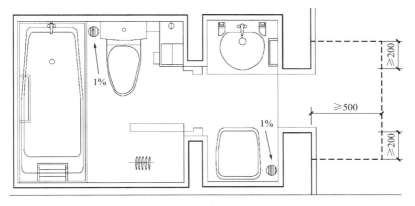

厕浴间门口处防水层延展示意图

厕浴间门口处防水实物图

施工工艺说明	厕浴间的淋浴房（非封闭淋浴设施以花洒为准）防水涂刷范围为该部位与墙面交接的区域及向两侧延伸各1m范围内的墙面。卫生间洗面盆处的防水涂刷范围为由龙头向两侧各延伸0.6m范围的墙面。厕浴间防水找平层应向卫生间门口外延伸500mm，厕浴间的地漏、管根、阴阳角等处用单组分聚氨酯涂刷一遍，并做附加层处理
施工控制要点	涂膜防水层及其预埋管件、排水坡度、地漏等细部做法，均应符合设计要求和施工规范的规定，不得出现积水和渗、漏水现象；涂膜厚度均匀一致，达到设计要求，不允许出现脱落、开裂、孔洞或收头不严密等缺陷
质量通病防治	在施工前，应对施工班组进行细致交底，确保防水范围符合设计要求；防水层空鼓、气泡：防水层空鼓、气泡现象主要是由于基层清理不净或含水率过高产生的。施工前，应认真清理基层，并做含水率检测
施工注意事项	操作人员应严格保护已做好的涂膜防水层，并及时做好保护层，在做保护层之前，非防水施工人员不得进入施工现场。防水涂膜施工前，基层（找平层）应牢固、表面洁净、平整，阴阳角呈圆弧形。防水涂膜附加层的涂刷、搭接、收头应满足规定要求，粘结应牢固、紧密、接缝封严，无损伤、空鼓等现象

010206 厕浴间防水高度要求

厕浴间防水实物图

施工工艺说明	地面四周与墙体交接处,防水层翻起高度不应小于250mm。淋浴区墙面防水层翻起高度不应小于2000mm,且不低于淋浴喷淋口高度;盥洗池盆等用水处墙面防水层翻起高度不应小于1200mm
施工控制要点	厕浴间的地漏、管根、阴阳角等处用单组分聚氨酯涂刷一遍,并做附加层,两侧在交接处涂刷200mm。地面四周与墙体连接处以及管根处,平面涂膜防水层宽度和平面拐角上返高度应≥250mm。地漏口周边平面涂膜防水层宽度和进入地漏口下返均应≥40mm。淋浴区防水涂刷高度不应小于2000mm,洗手盆、洗衣机处防水涂刷高度不应小于1200mm,其他墙体位置防水涂刷高度不应小于250mm
质量通病防治	在施工前应对施工班组进行细致交底,确保防水高度符合设计要求;防水涂膜附加层的涂刷、搭接、收头应满足规定要求,粘结牢固、紧密、接缝封严,无损伤、空鼓等现象
施工注意事项	操作人员应严格保护已做好的涂膜防水层,并及时铺设保护层,在铺设保护层以前,非防水施工人员不得进入施工现场。涂膜防水层与基层、保护层均应粘结牢固,收边密封严实

010207 地漏处防水做法

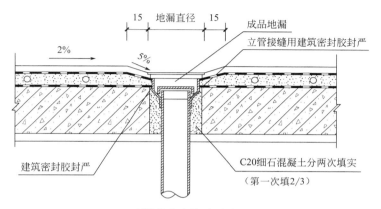

地漏处防水构造示意图

地漏处防水施工现场图

施工工艺说明	地漏管根与混凝土(砂浆)之间应留凹槽,槽深 10mm、宽 20mm,槽内嵌填密封膏
施工控制要点	地漏穿楼板洞口需要吊模堵洞,吊模模板、吊筋须有足够的强度和刚度;支模完成后,分两层浇捣不小于 C20 的细石混凝土(若楼板混凝土强度大于 C20 应按设计强度执行),第一层为板厚的 2/3,第二层为板厚的 1/3,确保混凝土浇捣密实;地漏等穿越楼板的管根处应用密封材料嵌填压实;地漏上口四周 20mm×10mm 范围内用密封材料封严,上面做防水层。从地漏边缘向外 50mm 内排水坡度为 5%
质量通病防治	渗漏多发生于地漏等细部构造处,是由于部件安装松动、防水层涂膜不到位或防水层局部受损、密封不严等因素造成。必须仔细做好细部防水处理,不得忽略附加层防水处理
施工注意事项	要认真核对图纸,确保地漏位置设置正确,对突出地面的地漏周边防水层不得碰损,部件不得变位

010208 穿楼板管道防水做法

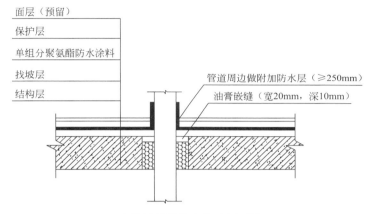

面层（预留）

保护层

单组分聚氨酯防水涂料

找坡层

结构层

管道周边做附加防水层（≥250mm）

油膏嵌缝（宽20mm，深10mm）

穿楼板管道防水构造剖面图

穿楼板管道防水施工现场图

施工工艺说明	厕浴间管根与楼板四周缝隙用干拌砂浆或细石混凝土封堵，并设置凹槽，凹槽内嵌填密封膏，管根部位要抹成平整光滑的八字坡
施工控制要点	穿楼板管道的洞口需要吊模堵洞，吊模模板、吊筋须有足够的强度和刚度；支模完成后，分两层浇捣不小于 C20 的细石混凝土（若楼板混凝土强度大于 C20 应按设计强度执行），第一层为板厚的 2/3，第二层为板厚的 1/3，确保混凝土浇捣密实；管根四周宜形成凹槽，其尺寸为 20mm×10mm，将管根周围凹槽内清理干净，务必做到干净、干燥；将密封材料挤压在凹槽内，并用腻子刀用力抹压严实，使之饱满、密实
质量通病防治	为使密封材料与管根口四周混凝土粘结牢固，在凹槽两侧与管根口四周，应先涂刷基层处理剂。厕浴间楼板的所有立管、套管定位安装完毕后应验收，避免剔凿楼板
施工注意事项	要认真核对图纸，依据图纸准确定位管道穿楼板预留洞的位置，管道纵横尺寸和上下水管道之间的距离掌握准确，并认真配合土建施工，不能遗漏，避免剔凿楼板，个别上下管洞如偏离预留位置，应尽早调整

010209 蹲便器处防水做法

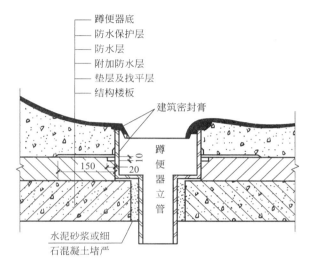

蹲便器处防水构造剖面图

蹲便器处防水施工现场图

施工工艺说明	管根与混凝土（水泥砂浆）之间应预留凹槽,槽深10mm、宽20mm,槽内嵌填密封膏;蹲便器底部与立管相接处应加设密封膏
施工控制要点	蹲便器穿楼板的洞口需要吊模堵洞,吊模模板、吊筋须有足够的强度和刚度;支模完成后,分两层浇捣不小于C20的细石混凝土(若楼板混凝土强度大于C20应按设计强度执行),第一层为板厚的2/3,第二层为板厚的1/3,确保混凝土浇捣密实;管根四周宜形成凹槽,其尺寸为20mm×10mm,将管根周围凹槽内清理干净,务必做到干净、干燥,将密封材料挤压在凹槽内,并用腻子刀用力抹压严实,使之饱满、密实
质量通病防治	为使密封材料与管根口四周混凝土粘结牢固,在凹槽两侧与管根口四周,应先涂刷基层处理剂。厕浴间楼板的所有立管、套管定位安装完毕后应验收,避免剔凿楼板
施工注意事项	要认真核对图纸,依据图纸准确定位管道穿楼板预留洞的位置,管道纵横尺寸和上下水管道之间的距离掌握准确,并认真配合土建施工,不能遗漏,避免剔凿楼板。个别上下管洞如偏离预留位置,应尽早调整

010210 蓄水试验

蓄水试验施工现场图

施工工艺说明	在防水层完成后进行蓄水试验,楼地面最小蓄水高度不小于 20mm,蓄水时间不小于 24h,并逐一检验每一自然间
施工控制要点	蓄水要满足规定时间,水面高度要满足要求,检查是否渗水要仔细,对地漏等部位进行严密封堵
质量通病防治	在卫生间门下口浇筑混凝土门槛,防水做在混凝土门槛上面,混凝土门槛高度为完成面高度减装修面厚度。改变地埋管位置,不从卫生间门下进入卫生间,地埋管不穿防水层,尽量减少渗漏的可能性,可以有效防止在二次蓄水试验时,水从地砖缝渗入,从门槛下的防水层上洇出;防水层做在地埋管下的,水应防止从门槛下地埋管处洇出
施工注意事项	防水层涂刷完成干燥后,应对防水层质量进行认真检查和验收,检查内容包括防水层是否满涂、厚度是否均匀、封闭是否严密、厚度是否达到设计要求(切片取样)、表面无起鼓、开裂、翘边等缺陷。经甲方及监理工程师共同检查验收合格后方可进行蓄水试验

010211 防水保护层要求

防水保护层施工现场图

施工工艺说明	防水保护层采用 20mm 厚砂浆。防水层最后一遍施工过程中，在涂膜未完成固化时，可在其表面撒少量干净粗砂，以增强防水层与保护层之间的粘结；也可采用掺建筑胶的水泥浆在防水层表面进行拉毛处理后，再进行保护层施工
施工控制要点	基层清理要到位；要把控好打点、冲筋过程；洒水湿润；铺装砂浆；养护
质量通病防治	做好基层清理，撒少量干净粗砂，有利于粘结牢固，预防出现空鼓现象
施工注意事项	水泥砂浆必须符合设计要求。保护层表面坡度必须符合设计要求。要严格按照技术交底进行施工；注意成品保护

010212 装配式集成卫生间防水构造

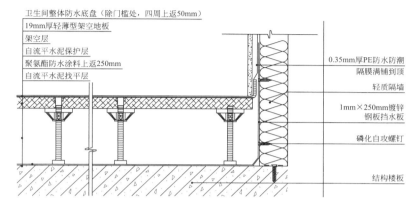

卫生间整体防水底盘（除门槛处，四周上返50mm）
19mm厚轻薄型架空地板
架空层
自流平水泥保护层
聚氨酯防水涂料上返250mm
自流平水泥找平层

0.35mm厚PE防水防潮隔膜满铺到顶
轻质隔墙
1mm×250mm镀锌钢板挡水板
磷化自攻螺钉
结构楼板

装配式集成卫生间防水构造示意图

整体防水底盘施工现场图

施工工艺说明	装配式集成卫生间应采用可靠的防水设计,楼地面宜采用整体防水底盘,门口处应有阻止积水外溢的措施。宜采用干湿分离式设计;各类水、电、暖等设备管线应设置在架空层内,并设置检修口;宜采用同层排水
施工控制要点	应完成基层、预留孔洞、预留管线等隐蔽验收。设计有楼面结构层防水时,应完成防水施工并隐蔽验收合格。防水盘安装前应进行基层防水施工,防水层完成后应进行蓄水试验,无渗漏后应做厚度不小于 20mm 的砂浆保护层;防水盘排水管与预留管道的连接部位应采用密封胶密封处理;应根据设计位置安放一体式卫生间外支撑框架与防水盘,并应调整好外框支架位置与水平度,防水盘应牢固平稳。 墙面隔离层应首先用胶条粘结固定在墙顶部,粘结时应平整无褶皱。隔离层下部与防水盘翻边内侧搭接不应小于 30mm,并应用胶条粘结严密,胶条宽度不应小于 20mm。隔离层在门口处向外延伸不应小于 100mm。应按顺序安装防水壁板和顶板,壁板拼接处、壁板底部与底盘拼接处安装应垂直、平整,密封应严密;安装集成卫生间的门窗洞口收口时,应在防水盘、壁板及外围护墙体间进行密封防渗处理。 卫生间地面应做二次蓄水试验,当涂膜防水层施工完毕后进行第一次蓄水试验,完成集成式防水底盘时进行第二次蓄水试验;在防水层完成后进行的蓄水试验,蓄水高度地面最高点处不应小于 20mm,蓄水时间不应少于 24h
质量通病防治	防水盘安装前应检查防水盘的外观质量,不应有裂纹、破损等缺陷,底盘的高度及水平位置应调整到位,底盘应完全落实、水平稳固、无异响;连接部位密封处理完成后应进行满水排泄试验
施工注意事项	应对内装部品成品管线与预留管线的接口连接、防水层进行检验。内侧隔墙安装防水层应严密、无磨损,与地面防水层连接可靠。装配式集成卫生间安装应与合理安排施工工序,避免造成污染和破坏;安装施工过程中应做好出墙、出地面给水排水管道的防撞保护

第三节 ● 特殊部位防水

010301 室内泳池池壁及池底交接处防水

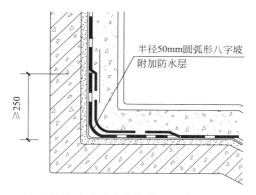

半径50mm圆弧形八字坡
附加防水层

≥250

室内泳池池壁及池底交接处防水示意图

室内泳池池壁及池底交接处防水施工现场图

施工工艺说明

　　室内泳池池壁及池底交接处做 $R=50mm$ 的圆弧形平整光滑八字坡，室内泳池池壁及池底交接处应做附加防水层增补，附加防水层宽度500mm，每边250mm。

010302 泳池及水池给水排水口防水

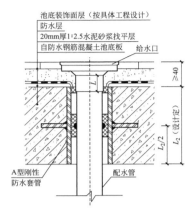

池底装饰面层（按具体工程设计）
防水层
20mm厚1:2.5水泥砂浆找平层
自防水钢筋混凝土池底板 给水口

≥40

$L_2/2$
L_2（设计定）

A型刚性防水套管
配水管

泳池及水池给水排水口防水示意图

泳池及水池给水排水口防水实物图

施工工艺说明

　　泳池及水池给水排水管应设置 A 型刚性防水套管，套管在混凝土浇筑前预埋，止水钢环与套管满焊密实。主管与套管间在套管长度居中部位设置钢制挡圈，挡圈用油麻填缝，填缝厚度为套管长度的 1/3，套管与主管间其余部分用石棉水泥封堵，套管内的填料必须保证紧密捣实。防水卷材收至套管内，用无毒密封膏封堵。填封密封膏时，应保证缝内各接触面无锈蚀、漆皮、污物且干净、干燥。

010303 水池刚性防水构造

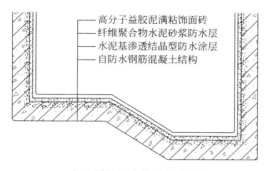

高分子益胶泥满粘饰面砖
纤维聚合物水泥砂浆防水层
水泥基渗透结晶型防水涂层
自防水钢筋混凝土结构

水池刚性防水构造示意图

水池刚性防水现场图

施工工艺说明

对于工程结构稳固、基本无震动或结构变形的池体工程，一般采用自防水混凝土结构、水泥基渗透结晶防水涂层、抹纤维聚合物水泥砂浆防水层共同组成的多道刚性或以刚性为主的构造防水。施工中应控制防水混凝土质量，其坍落度不宜过大，避免出现较大的干缩裂缝。泳池池壁及池底交接处做 $R=50$mm 的圆弧形平整光滑八字坡，泳池池壁及池底交接处应做附加防水层增补，附加层宽度 500mm，每边 250mm。

010304 水池刚柔结合防水构造

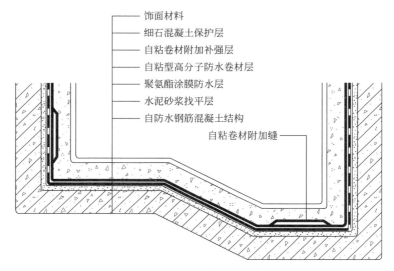

饰面材料
细石混凝土保护层
自粘卷材附加补强层
自粘型高分子防水卷材层
聚氨酯涂膜防水层
水泥砂浆找平层
自防水钢筋混凝土结构

自粘卷材附加缝

水池刚柔结合防水构造示意图

施工工艺说明

对于工程结构稳固并有可能产生微量变形的工程，宜选用自防水混凝土结构、聚氨酯涂膜防水层、防水卷材层共同组成的多道刚柔结合的防水构造。施工中应控制防水混凝土质量，坍落度不宜过大，避免出现较大的干缩裂缝。泳池池壁及池底交接处做半径 $R \geqslant 50mm$ 的圆弧形平整光滑八字坡，泳池池壁及池底交接处应做卷材附加防水层增补，附加层宽度500mm，每边250mm。先铺贴阴阳角等部位的附加层。卷材铺贴方向：底板宜平行于长边方向铺贴；立墙应垂直底板方向铺贴；卷材应先铺贴平面，后铺贴立面。

010305 外露阳台防水

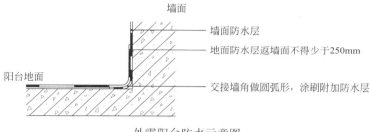

墙面

墙面防水层

地面防水层返墙面不得少于250mm

阳台地面

交接墙角做圆弧形，涂刷附加防水层

外露阳台防水示意图

外露阳台防水施工现场图

施工工艺说明	地面与墙面交接墙角处均做 $R=10mm$ 的圆弧形，地面与墙面阴阳角做附加防水层
施工控制要点	墙面与地面交接墙角圆弧形八字坡表面应洁净、平整；防水涂膜施工应先做地面与墙面阴阳角处附加防水层，再做四周立墙附加防水层；地面四周与墙体连接处，附加防水层返墙面长度不得小于 250mm
质量通病防治	在管根、地漏、阴阳角等容易漏水的薄弱部位用油漆刷蘸搅拌好的涂料均匀涂刷，不得漏涂（地面与墙角交接处，防水层往墙面上翻 250mm 以上）。常温 4h 表干后，再刷第二道涂膜防水涂料，24h 实干后即可进行大面积涂膜防水层施工，每层附加防水层厚度宜为 0.6mm
施工注意事项	阴阳角等易发生渗漏的部位，应做附加防水层增补；墙体与地面之间的接缝以及上、下水管道与地面的接缝处，是最容易出现问题的部位，所以这些部位一定要格外注意，处理一定要细致

010306 外露阳台地漏防水

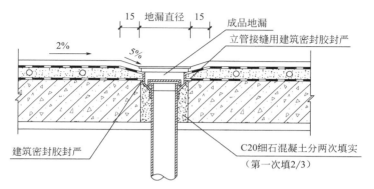

外露阳台地漏防水示意图

外露阳台地漏防水施工现场图

施工工艺说明	地漏管根与混凝土（砂浆）之间应留凹槽，槽深 10mm、宽 20mm，槽内嵌填密封膏
施工控制要点	地漏穿楼板洞口需要吊模堵洞，吊模模板、吊筋须有足够的强度和刚度；支模完成后，分两层浇捣不小于 C20 细石混凝土，第一层为板厚的 2/3，第二层为板厚的 1/3，确保混凝土浇捣密实；地漏等穿越楼板的管根处应用密封材料嵌填压实；地漏上口四周 20mm×10mm 范围内用密封材料封严，上面做防水层。从地漏边缘向外 50mm 内排水坡度为 5%
质量通病防治	渗漏多发生于地漏等细部构造处，是由于部件安装松动、防水层涂膜不到位或防水层局部受损、密封不严等因素造成。必须仔细做好细部防水处理，不得忽略附加层防水处理
施工注意事项	要认真核对图纸，确保地漏设置位置正确，对突出地面的地漏周边防水层不得碰损，部件不得变位

010307 螺栓孔处防水

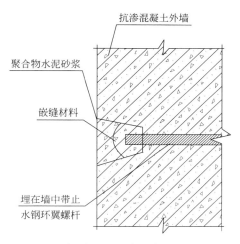

抗渗混凝土外墙

聚合物水泥砂浆

嵌缝材料

埋在墙中带止
水钢环翼螺杆

螺栓孔处防水示意图

螺栓孔处防水施工现场图

施工工艺说明	拆模后将预埋的垫块取出,沿混凝土结构边缘将螺栓割断,对割断处进行涂刷防锈漆处理后,嵌入防水油膏(嵌入 2/3),最后用聚合物砂浆将螺栓孔抹平,螺栓孔周围 100mm 范围涂刷两遍防水涂膜
施工控制要点	聚合物砂浆抹平前应使用喷壶进行喷水润湿,使螺栓孔保持湿润。堵塞螺栓孔时,应从外墙内侧将防水砂浆灌入螺栓孔内,并用钢筋捣实。待砂浆干燥后,用聚氨酯涂膜防水刷在对拉螺栓孔处,涂刷 1.2mm 厚防水涂膜
质量通病防治	外墙螺栓孔采用防水砂浆封堵,防水砂浆和螺栓孔塑料套管相容性差,防水砂浆凝固会产生收缩,会在螺栓孔塑料套管和防水砂浆之间产生缝隙。雨水会通过螺栓孔塑料套管和防水砂浆之间的缝隙渗入室内。现场采用防水砂浆封堵,应确保将防水砂浆注入孔内用钢筋捣实
施工注意事项	施工中应注意清理螺栓孔粘存杂物,并用吹风机吹干净。螺栓孔用防水砂浆封堵后应加强淋水养护管理

010308 门窗洞口防水

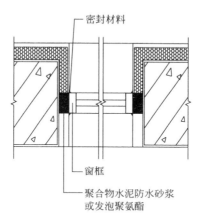

密封材料

窗框

聚合物水泥防水砂浆
或发泡聚氨酯

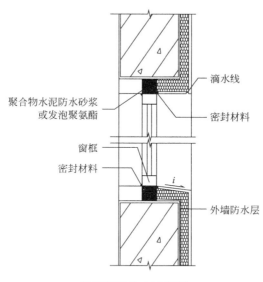

滴水线

聚合物水泥防水砂浆
或发泡聚氨酯

密封材料

窗框

密封材料

外墙防水层

门窗洞口防水示意图

施工工艺说明	门窗框与墙体间的缝隙宜采用聚合物水泥防水砂浆或发泡聚氨酯填充；外墙防水层应延伸至门窗框，防水层与门窗框间应预留凹槽，并应嵌填密封材料；门窗上楣的外口应做滴水线；外窗台应设置不小于5%的外排水坡度
施工控制要点	门窗框等与防水层交接处应留8～10mm宽的凹槽，并进行密封处理。 涂膜防水层施工前应对节点部位进行密封或增强处理；涂膜宜多遍完成，后遍涂刷应在前遍涂层干燥成膜后进行；每遍涂刷应交替改变涂层的涂刷方向，同一涂层涂刷时，先后接槎宽度宜为30～50mm；涂膜防水层的甩槎部位不得污损，接槎宽度不应小于100mm。 铺设在窗洞或其他洞口处的防水透气膜，应呈I字形裁开，并应用密封胶粘带固定在洞口内侧；与门、窗框连接处应使用配套密封胶粘带满粘密封，四角用密封材料封严；穿透防水透气膜的连接件周围应用密封胶粘带封严
质量通病防治	门窗洞口部位的防水构造，应符合设计要求；涂膜防水层厚度应符合设计要求，无裂纹、皱折、流淌、鼓泡和露胎体现象；防水透气膜应铺设平整、固定牢固；搭接宽度应符合要求，搭接缝和节点部位应密封严密
施工注意事项	防水透气膜的铺贴应顺直，与基层应固定牢固，膜表面不得出现皱折、伤痕、破裂等缺陷；铺贴方向应正确，纵向搭接缝应错开，搭接缝应粘结牢固，密封严密；收头应与基层粘结并固定牢固，缝口应封严，不得出现翘边现象

010309 装配式建筑预制构件接缝防水

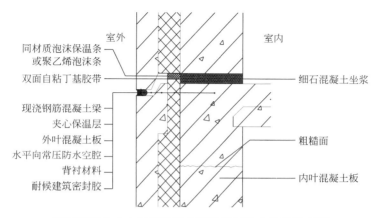

预制混凝土夹心保温墙板水平缝密封防水构造示意图

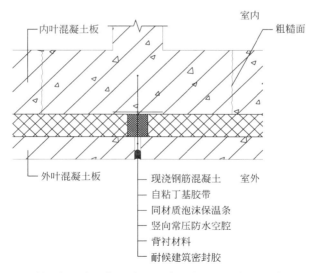

预制混凝土夹心保温墙板垂直缝密封防水构造示意图

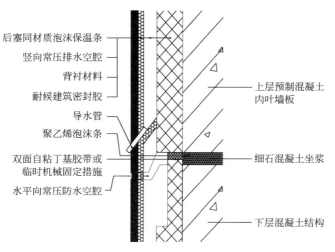

后塞同材质泡沫保温条

竖向常压排水空腔

背衬材料

耐候建筑密封胶

导水管

聚乙烯泡沫条

双面自粘丁基胶带或
临时机械固定措施

水平向常压防水空腔

上层预制混凝土
内叶墙板

细石混凝土坐浆

下层混凝土结构

导水管密封防水构造示意图

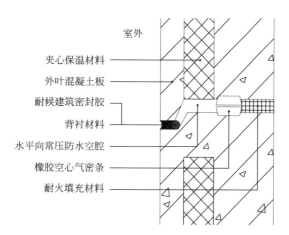

室外

夹心保温材料

外叶混凝土板

耐候建筑密封胶

背衬材料

水平向常压防水空腔

橡胶空心气密条

耐火填充材料

预制混凝土夹心保温外挂墙板水平缝密封防水构造示意图

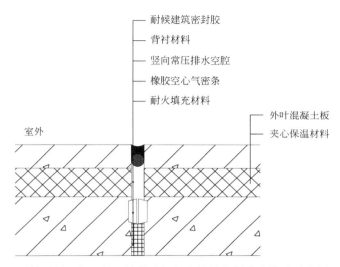

耐候建筑密封胶
背衬材料
竖向常压排水空腔
橡胶空心气密条
耐火填充材料

外叶混凝土板
夹心保温材料

室外

预制混凝土夹心保温外挂墙板竖向接缝密封防水构造示意图

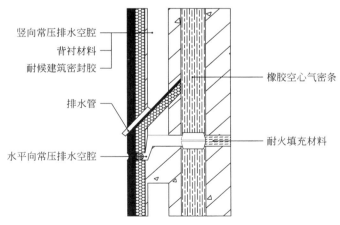

竖向常压排水空腔
背衬材料
耐候建筑密封胶

排水管

水平向常压排水空腔

橡胶空心气密条

耐火填充材料

预制混凝土外挂墙板垂直缝中导水管密封防水构造示意图

施工工艺说明	水平缝宜采用外低内高的企口缝,上下墙板间的水平接缝处浇筑混凝土前应设置同材质泡沫保温条或聚乙烯泡沫条,外露接缝中应嵌填耐候密封胶。垂直缝在浇筑混凝土前应填塞同材质、等厚度的泡沫保温条,并用自粘丁基胶带封闭接缝,垂直缝应采用耐候密封胶密封。在十字交叉缝上部的垂直缝中安装导水管
施工控制要点	上下墙板间设置的同材质泡沫保温条或聚乙烯泡沫条应采取可靠的固定措施;垂直缝填塞同材质、等厚度的泡沫保温条,并用自粘丁基胶带封闭后填塞泡沫保温条与夹心保温材料之间的接缝,胶带与接缝两侧粘结宽度不应小于 25mm,必要时可采取临时机械固定措施,内叶混凝土板与现浇混凝土相交部位应设置粗糙面。导水管安装角度宜为 30°～45°,周边应用密封胶封严。 预制混凝土外挂墙板水平缝宜采用外低内高的企口缝构造,靠近室内一侧宜设置橡胶空心气密条,并应设置耐火填充材料,室外的接缝应采用耐候建筑密封胶进行密封,两道接缝中间应留置水平向常压防水空腔;垂直接缝中宜设置排水空腔,靠近室内一侧宜设置橡胶空心气密条,并设置耐火接缝封堵材料,室外的接缝应嵌填耐候密封胶进行密封,两道密封中间应留置竖向常压防水空腔。 当屋面采用预制女儿墙板时,应采用与下部外墙板结构相同的接缝密封做法。安装门窗过程中,门窗框与预留洞口间的空隙应采用聚氨酯泡沫填缝胶填充密实,内外接缝部位应用密封胶密封。窗户上沿应设置滴水槽,外窗台宜设置金属窗台板,窗台板排水坡度宜为 5%～8%,周边应密封严密
质量通病防治	竖向及横向的预留凹槽应清理干净并保持畅通;吊装预制构件前,应检查气密条粘结的牢固性和完整性。背衬材料与接缝两侧基层之间不得留有空隙,预留深度应与密封胶设计厚度一致。接缝两侧基层表面防护胶带粘结应连续平整,宽度不应小于 20mm。导水管应顺背衬材料方向埋设,与两侧基层之间的间隙应用密封胶封严,导水管的上口应位于空腔的最低点
施工注意事项	接缝处的泡沫保温条或聚乙烯泡沫条应采取可靠的固定措施。接缝两侧的混凝土基层应坚实、平整,表面应清洁、干燥,无油污、无灰尘,接缝两侧基层高度偏差不宜大于 2mm。嵌填密封胶前应在接缝中设置连续的背衬材料,基层处理剂宜单向涂刷,并应涂刷均匀,不得漏涂。嵌填密封胶后,应在密封胶表干前用专用工具对胶体表面进行修整,溢出的密封胶应在固化前进行清理。应避免密封胶堵塞导水管

010310 地面辐射供暖工程防水（普通房间、厕浴间）

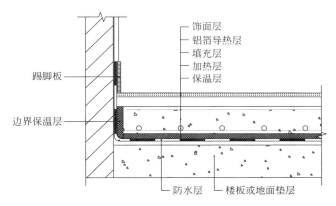

饰面层
铝箔导热层
填充层
加热层
保温层

踢脚板

边界保温层

防水层　楼板或地面垫层

地面辐射供暖工程防水层地面构造（防水层在下）示意图

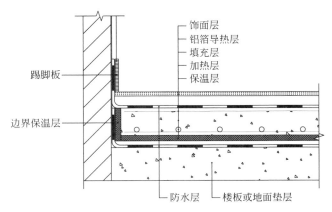

饰面层
铝箔导热层
填充层
加热层
保温层

踢脚板

边界保温层

防水层　楼板或地面垫层

地面辐射供暖工程防水层地面构造（防水层在上）示意图

施工工艺说明	地面辐射供暖工程防水构造中防水层做法应根据设计要求和工程需要设置在结构层（基层）上部或填充层、找平层上部形成一层防水或二层防水，厕浴间应在结构层和填充层上分别设置防水层，形成双层防水层。起居室、客厅及有防水设防功能房间，防水层设置在地暖工程填充层或找平层的上部为一层防水；浴室、卫生间的楼地面防水层应在结构基层上和填充找平层上各设置一层防水层形成上下双层防水
施工控制要点	墙面与地面交接处防水层上翻高度均不应小于300mm，并与厕浴间淋浴区墙面防水层相叠合；厕浴间的楼地面防水层应与淋浴高度 1800mm 的墙面防水相叠合。防水卷材宜采用满粘法施工。防水涂料施工时，混凝土基层强度等级不低于 C20，水泥砂浆基层强度等级不低于 M10，先进行阴阳角、管根等细部构造防水增强处理后，再进行大面积防水施工。防水层不得有渗漏，防水材料应搭接严密、粘结牢固，防水砂浆、防水涂料应涂刷均匀，无裂缝。卫生间、浴室的楼地面防水应做蓄水试验，进行检查验收，防水层不得渗漏。密封材料嵌填应密实、平整、粘结牢固，其嵌填宽度和深度应符合设计要求。 聚合物乳液防水涂料涂刷宜为 2～3 遍，涂刷或喷涂施工应均匀，涂层总厚度：客厅、起居室不小于 1.0mm，卫生间、浴室不小于 1.2mm。宜连续施工，接槎处应搭接或错开 50～80mm 以达到防水层厚度。聚合物水泥防水涂料（砂浆）分层涂刷或喷涂，连续施工每遍涂刷时应交替改变涂刷方向，同一涂层涂刷时先后接槎宽度宜为 30～50mm，铺贴增强材料时应铺贴平整，在阴阳角处应抹成圆弧形，增强防水砂浆厚度宜为 3～5mm。刮抹时应压实抹平。单组分聚氨酯防水涂刮底涂料，宜涂

施工控制要点	刷两遍,第二遍在第一遍干后,与第一遍呈垂直方向涂刷,涂膜厚度应符合设计要求;在阴阳角、预埋件、管件等处进行细部构造增强处理,在底涂上铺设增强材料,再整体喷涂防水涂料。掺防水剂砂浆防水层阴阳角应设计成圆弧形,阴角直径宜大于 50mm,阳角直径宜大于 10mm;防水层宜连续施工,如必须留槎时,采用阶梯坡形槎,接槎宽度不得小于 150mm,距阴阳角处不得小于 250mm;防水砂浆应在初凝前用完,施工中不得加水。水泥基渗透结晶型防水材料的阴阳角、管根等节点处用柔性涂料进行节点增强处理;配制渗透结晶型防水涂料应严格按供应商提供的文件要求进行,使用过程中不得随意加水、加料,变稠时可以搅动;涂刷时宜用半硬的尼龙刷交叉反复进行,做到涂层均匀,不漏涂。速凝橡胶沥青防水涂料为 A 组分、B 组分两种材料,应采用专用的双管喷涂机进行喷涂,喷涂应均匀,厚薄一致,喷枪距离喷涂面宜为 400~500mm,防水涂层厚度:客厅、起居室不小于 1.0mm,卫生间浴室不小于 1.2mm,应一次连续喷涂完成。自粘防水卷材(或湿铺防水卷材)铺贴方向,从低往高进行试铺,在基层上弹好控制线;刮涂聚合物水泥胶浆或水泥素浆,厚度宜为 2~3mm,刮涂浆的宽度比卷材的长、短边宜各宽出 100mm;卷材与相邻卷材之间为平行搭接,搭接宽度不应小于 80mm;卷材端头和卷材收头应进行密封处理或用金属压条固定后再进行密封处理。聚乙烯丙纶复合防水卷材施工时,在聚合物水泥防水粘结剂配制后,将第一道粘结剂涂刮在基层表面,其厚度应均匀、平整、无漏涂;细部构造处理时,在阴阳角、管根等处用增强材料或卷材粘结处理,立面和平面各铺贴 100mm×100mm、宽度为 80mm 的增强材料;铺贴聚乙烯丙纶防水卷材应采用满粘法与第

续表

施工控制要点	一道粘结砂浆紧密相结合,卷材的搭接宽度应小于100mm,并应进行密封处理;涂刮第二道聚合物防水浆料应在横竖方向均匀涂刮到符合设计要求的厚度;潮湿养护24h后,做保护层。树脂类高分子防水卷材施工时,把防水卷材按弹线控制位置预铺在基层上,卷材应平整直顺,不得扭曲,搭接宽度应不小于100mm;采用焊接机焊接卷材,确保每一个搭接边焊接牢固,单缝焊接宽度不应小于60mm;节点处理时将卷材裁剪成适合相应节点尺寸的片材后进行节点处理,然后采用焊枪将片材接头焊接于大平面卷材上;防水卷材收头部位采用U形压条机械固定,并使用密封胶密封
质量通病防治	基层应平整、坚实,不得有污物、杂质,不得出现起砂,含水率应符合材料施工要求。涂膜防水层应与基层粘结牢固,表面平整、均匀,防水卷材应铺贴顺直,搭接缝应牢固,掺防水剂砂浆等砂浆防水层之间应粘结牢固,表面平整、密实,阴阳角应做成圆弧形。防水层完工后应进行检查,对防水层缺陷进行修补直至符合要求
施工注意事项	防水施工不得动明火,不得采用汽油喷灯加热法施工。阴阳角、管根等处进行节点增强处理。防水层厚度应符合设计要求,最小厚度不得小于设计厚度的90%。防水层施工后应进行成品保护

第二章　保温工程

第一节 ● 有机保温板薄抹灰外墙外保温

020101 基层处理——清灰

基层处理——清灰施工现场图

施工工艺说明

　　外保温工程开始前首先进行基层处理，用大刷子清理墙面，刷去浮渣、灰土。

020102 基层处理——剔凿

基层处理——剔凿施工现场图

施工工艺说明

　　外保温工程开始前首先进行基层处理，墙面平整度超差部分用锤子或铲子剔除。

020103 基层处理——填补

基层处理——填补施工现场图

施工工艺说明

外保温工程开始前首先进行基层处理，墙体空洞等凹陷不平的地方用胶粘剂、抹面胶浆或类似的聚合物改性砂浆修补，对于砌体部分还需将上述修补材料与网格布复合抹面处理以达水密性要求。

020104 挂水平或垂直控制线

挂水平控制线施工现场图

挂垂直控制线施工现场图

施工工艺说明

基层处理结束后，进行放线。在阴阳角、阳台栏板、门窗洞口和外保温起始位置等部位挂垂直控制线或水平控制线。

020105 安装起步托架

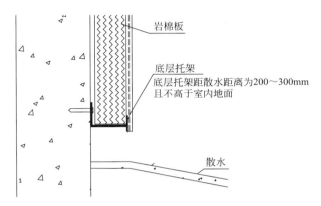

安装起步托架示意图

图中标注：
- 岩棉板
- 底层托架
- 底层托架距散水距离为200～300mm 且不高于室内地面
- 散水

安装起步托架施工现场图

施工工艺说明

在保温板的起始位置安装起步托架。首先在墙面标注好托架上锚栓固定的位置，将锚栓在托架上均匀排布，用电锤在标注的锚栓位置钻洞，用锚栓将起步托架固定于墙面上。

020106 配制胶粘剂

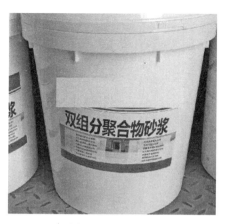

胶粘剂产品实物图

施工工艺说明	首先准确称量配制粘结砂浆所用的材料,双组分粘结砂浆采用乳液与砂浆,单组分粘结砂浆采用水与砂浆。将双组分的乳液与砂浆或单组分的水与砂浆按规定的比例混合配制
施工控制要点	胶粘剂必须配比准确,拌合均匀,一次的配制量控制在 60min 内用完
质量通病防治	双组分砂浆中的乳液和单组分砂浆中的水比例过高,会导致混合得到的胶粘剂稠度偏低,粘结力不够;双组分砂浆或单组分砂浆的砂浆比例过高,会导致混合得到的胶粘剂稠度过高,胶粘剂偏干而无法使用
施工注意事项	配制胶粘剂时用电动搅拌器搅拌均匀,严格按照胶粘剂配比要求准确配制,一次配制的胶粘剂使用时间不宜过长

020107 窗口处预粘结翻包玻纤网

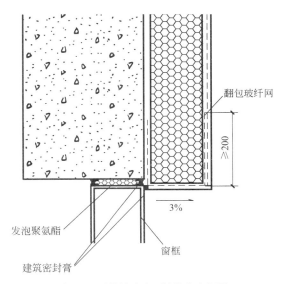

翻包玻纤网

≥200

发泡聚氨酯

窗框

建筑密封膏

3%

窗口处预粘结翻包玻纤网示意图

窗口处预粘结翻包玻纤网施工现场图

施工工艺说明	外墙大面粘结保温板前应在门窗洞口、女儿墙等收口部位预粘结翻包玻纤网
施工控制要点	翻包玻纤网的宽度＝压入部分（预粘宽度不小于65mm）＋保温层厚度＋应包裹的中间部分宽度（如门窗洞口侧面的宽度以及小面转折）＋搭接部分（搭接到大面保温板宽度不小于100mm）
质量通病防治	预留的翻包玻纤网宽度不足时，会降低门窗洞口、女儿墙等收口部位保温板与基层墙体的粘结安全性
施工注意事项	外墙大面粘结保温板前应在门窗洞口、女儿墙等收口部位根据设计要求粘结翻包玻纤网，且翻包玻纤网的宽度应满足要求

020108 保温板条粘法粘结

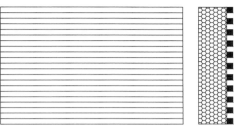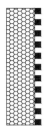

保温板条粘法粘结示意图

保温板条粘法粘结施工现场图

施工工艺说明	保温板粘结分为条粘法和点框法,基面平整度较好(垂平度不大于 4mm/2m)时可用条粘法粘结。在保温板上抹粘结剂,用齿抹子刮出粘结剂条,粘结上墙
施工控制要点	用齿抹子在粘结面上将胶粘剂梳理成条形柱状,布料高度应控制在有效粘结厚度的 2 倍,布料面积应控制在有效粘结面积的 50%
质量通病防治	保温板的四周应涂抹胶粘剂防止保温板边角处因未粘牢而发生翘曲,且保温板的粘结面积率必须达到要求,否则直接影响保温板在基层墙体上的粘结的安全性
施工注意事项	用不同齿距的齿抹子布料可灵活控制有效粘结面积率,粘结面积率不得小于相关标准要求

020109 保温板点框法粘结

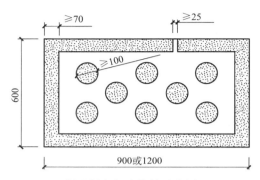

保温板点框法粘结示意图

保温板点框法粘结现场图

施工工艺说明	在保温板的四周抹胶粘剂，中间抹梅花点，在板边砂浆中留出宽度不小于 25mm 的透气孔
施工控制要点	胶粘剂的布料高度应控制在有效粘结厚度的 2 倍及以上，布料面积应控制在有效粘结面积的 60％ 及以上
质量通病防治	保温板的四周应涂抹胶粘剂防止保温板边角处因未粘牢而发生翘曲，且保温板的粘结面积率必须达到要求，否则会直接影响保温板在基层墙体上的粘结安全性
施工注意事项	胶粘剂应在保温板面均匀分布，粘结面积率不得小于相关标准要求

020110 粘结保温板

粘结保温板施工现场图

保温板整平施工现场图

施工工艺说明	粘结保温板时应轻柔均匀挤压板面,随时用托线板检查平整度,每粘结完一块板用 2m 靠尺将相邻板面拍平
施工控制要点	板与板之间应拼接严密,整块墙面的边角处应用短边尺寸不小于 300mm 的板。保温板粘结面积率不小于40%,如为双层保温板,第一层板的有效粘结面积率不应小于 50%,第二层板宜采用条粘法,有效粘结面积应满足相关要求
质量通病防治	粘结保温板时挤压板面的力道要均匀一致,切勿过轻或过重而导致板面平整度较差,粘结完后板边缘和板与板之间的胶粘剂应及时清理干净。当板缝大于 2mm 时可用相应厚度的保温板片或阻燃型聚氨酯发泡胶填塞
施工注意事项	粘结保温板时注意挤压板面的力度,并及时清除板边缘挤出的胶粘剂,板与板之间无"碰头灰"。双层保温板施工时第二层保温板与第一层保温板的粘结应采用条粘法

020111 粘结保温板顺序

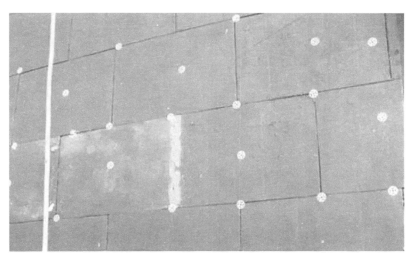

粘结保温板排板示意图

粘结保温板排板施工现场图

施工工艺说明	排板宜按顺砌方式进行，自下而上，上下应错缝粘结，阴阳角处应做错槎处理。保温板的拼缝位置不得在门窗洞口的四角处，板与板之间应拼接密实。保温层是双层板时应错位压缝施工
施工控制要点	错缝尺寸宜为 1/2 板长，最小错缝间距应不小于200mm。双层保温板施工时，第二层保温板应错位压住第一层保温板的板缝（包括横缝和竖缝），宜错位 75mm 或 75mm 的倍数
质量通病防治	各板间应挤紧拼严，拼缝应平整
施工注意事项	粘结保温板前应依据现场楼层墙面高度尺寸、门窗洞口位置尺寸、保温板的规格尺寸、防火隔离带位置、线条位置、双层板错位压缝等进行模量计算，确定详细粘结保温板顺序

020112 清理窗洞口

窗洞口清理施工现场图

施工工艺说明

　　清理窗框小面及窗框四周时，应将窗框边的发泡裁切至与墙面平齐，并打磨平整。

020113 裁刀把板

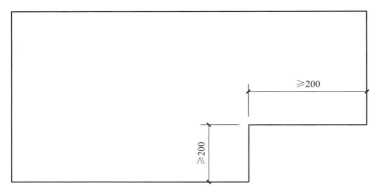

裁切刀把板示意图

裁切刀把板施工现场图

施工工艺说明

　　窗口四角处的保温板应裁切为刀把样式以方便粘结。双层板粘结施工时，第一层保温板可不刻意裁切为刀把样式，第二层板则应裁切为刀把样式。

020114 窗口部位保温板铺贴

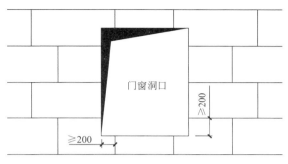

窗口部位保温板铺贴示意图

窗口部位保温板铺贴施工现场图

施工工艺说明	将保温板沿着窗洞口四周粘结,窗洞口四角处粘结裁切好的刀把板
施工控制要点	保温板边缘紧密贴合窗洞口四周,保持窗洞口四周保温板与窗洞口侧面在同一平面上,板的拼缝位置与窗洞口的四角处的距离不小于200mm
质量通病防治	窗口保温板需贴合窗洞口边缘粘结,以免破坏窗洞口的平整度,且保温板拼缝不应设在窗洞口四角处
施工注意事项	窗洞口四角处粘结预先裁切好的刀把板,整块墙面的边角处应用短边尺寸不小于300mm的保温板

020115 转角部位保温板铺贴

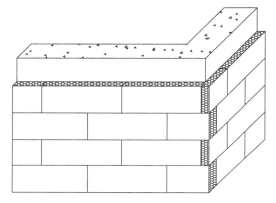

转角部位保温板铺贴示意图

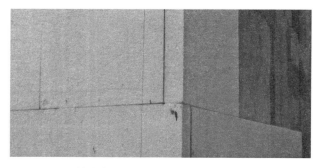

转角部位保温板铺贴施工现场图

施工工艺说明

　　转角部位保温板应交叉互锁施工形成马牙槎；阳角处应使用整板或半板来铺贴，以保证板缝错缝1/2板宽的要求；小于1/3原板规格的保温板材不应连续使用，不可避免的小面墙体等特殊情况除外。

020116 出挑部件保温板铺贴

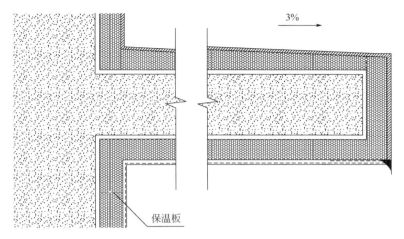

出挑部件保温板铺贴示意图

出挑部件保温板铺贴施工现场图

施工工艺说明

　　为防止热桥，空调板等出挑构部件与空气接触的面均应用保温板包裹，其中结构上平面的保温板应满粘。

020117 防火隔离带粘结

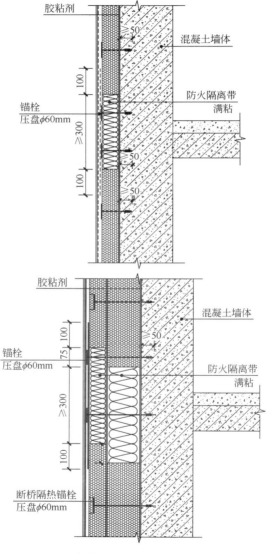

防火隔离带粘结示意图

防火隔离带粘结施工现场图

施工工艺说明	防火隔离带的安装与粘结保温板同步,防火隔离带的设置:按横向分布时应围绕建筑一周且交圈或到系统终端,按竖向分布时与横向分布密接或到系统终端
施工控制要点	胶粘剂应将隔离带全面积涂抹均匀,隔离带与基层墙体全面积粘结不留缝隙。单层板外保温系统中防火隔离带的宽度应不小于300mm,双层板保温系统中防火隔离带重叠部分应不小于300mm
质量通病防治	隔离带与基层墙体间的胶粘剂如有缝隙,会减弱隔离带阻止火焰在外保温系统内蔓延的能力
施工注意事项	隔离带与基层墙体间施行满粘,以保证隔离带与墙体间的胶粘剂没有缝隙

020118 防火隔离带排板

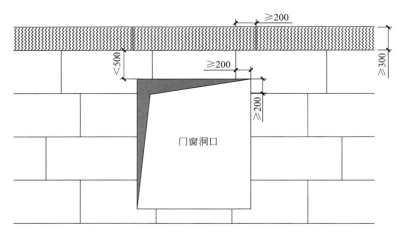

防火隔离带排板示意图

防火隔离带排板施工现场图

施工工艺说明	防火隔离带的安装应按自下而上顺序进行,隔离带接缝与上下部位保温板接缝错开
施工控制要点	防火隔离带的安装与粘结保温板同步,隔离带接缝位置与上下部位保温板接缝错开。错开距离不小于200mm,阴阳角应互锁施工,避免纵向通缝,每段隔离带长度不小于400mm
质量通病防治	不能采用粘结保温板时预留出防火隔离带位置,然后再填塞岩棉带的做法,且隔离带与上下保温板之间应无通缝
施工注意事项	防火隔离带与保温板之间应拼接严密,板缝错开

020119 保温板板缝处理

保温板板缝处理施工现场图

施工工艺说明	保温板粘结时板缝应拼严，板缝过大的拼缝应进行处理
施工控制要点	板缝宽超出 2mm 时用相应厚度的保温板片或发泡聚氨酯填塞。隔离带之间的缝隙和隔离带与保温板之间的缝隙用发泡聚氨酯填充
质量通病防治	板缝填充发泡聚氨酯应密实连续
施工注意事项	保温板拼缝处不能有砂浆或者粘结剂

020120 保温板板面平整度处理

保温板板缝处理施工现场图

保温板板面处理施工现场图

施工工艺说明	对保温板拼缝等部位进行处理,清除溢出板缝的发泡聚氨酯等,保证整体平整度
施工控制要点	拼缝高差大于 1.5mm 时,硬泡聚氨酯板应取下重新粘结,模塑板应用砂纸或专用打磨机具打磨平整,打磨后应清除表面漂浮颗粒和灰尘
质量通病防治	保温板粘结时应随时进行平整度检查和处理
施工注意事项	打磨时动作要轻,并以圆周运动方式轻柔旋转

020121 保温板敲击式锚栓安装

保温板敲击式锚栓产品图

保温板敲击式锚栓安装施工现场图

施工工艺说明	保温板粘结完成后再用锚栓固定,敲击式锚栓通过敲击膨胀件或膨胀套管,使其挤压钻孔孔壁而产生膨胀力或机械锁定作用
施工控制要点	保温板粘结24h后,方可进行锚栓安装。在钢筋混凝土墙上可使用敲击式锚栓,可采用冲击钻或电锤打孔,再把尼龙胀塞塞入打好的孔洞中,将螺钉放入尼龙胀塞中并用榔头敲入。膨胀套管的公称直径不应小于8mm
质量通病防治	钻孔深度应符合设计和相关标准的要求
施工注意事项	锚栓应使用金属钉锚栓,先放尼龙胀塞。锚栓压盘应压住保温板

020122 保温板旋入式锚栓安装

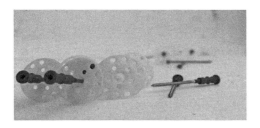

保温板旋入式锚栓产品实物图

保温板旋入式锚栓安装施工现场图

施工工艺说明	采用冲击钻或电锤打孔,打孔深度应符合设计和相关标准的要求,再把尼龙胀塞塞入打好的孔洞中,将螺钉放入尼龙胀塞中,用电动螺丝刀将旋入式锚栓的锚钉拧入尼龙胀塞中
施工控制要点	旋入式锚栓必须用电动螺丝刀将旋入式锚栓的锚钉拧入尼龙胀塞中。根据设计要求选择合适的锚栓规格,膨胀套管的公称直径不应小于8mm
质量通病防治	如果用榔头将旋入式锚栓的锚钉直接敲入尼龙胀塞中,其旋入式锚栓的锚固力将达不到预期,直接影响外保温系统连接的安全性
施工注意事项	勿用榔头将旋入式锚栓的锚钉直接敲入尼龙胀塞中,锚栓压盘应压住保温板

020123 锚栓安装位置

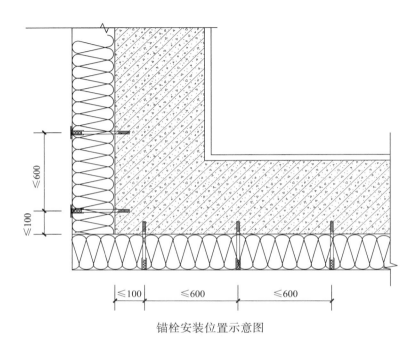

锚栓安装位置示意图

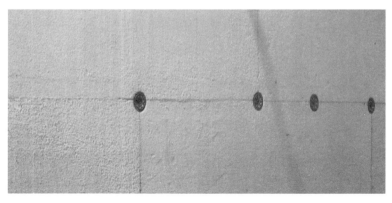

锚栓安装位置施工现场图

施工工艺说明	保温板边角相接处应安装锚栓,根据每平方米锚栓个数均匀排布保温板上的锚栓。防火隔离带使用的锚栓应位于隔离带中间高度
施工控制要点	保温板边角相接处应安装锚栓,每平方米不少于 4 个锚栓时板面中间设置至少 1 个锚栓,每平方米不少于 6 个锚栓时板面中间设置至少 2 个锚栓。隔离带上的锚栓距端部不大于 100mm,锚栓间距不大于 600mm
质量通病防治	锚栓安装于保温板边角相接处,以使锚栓压住保温板角,防止翘曲。板中间的锚栓应均匀分布
施工注意事项	安装于保温板边角相接处锚栓的锚盘应同时压住相邻的两块保温板

020124 锚栓安装数量

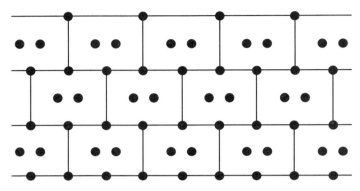

锚栓安装数量示意图

锚栓安装数量施工现场图

施工工艺说明

建筑物标高24m下可不安装锚栓，24~60m每平方米不少于4个，60m以上每平方米不少于6个。每段隔离带上的锚栓数量至少有2个。锚栓的数量应符合设计和施工方案的要求。

020125 配制抹面胶浆

抹面胶浆产品实物图

配制抹面胶浆施工现场图

施工工艺说明

按照比例要求配制抹面胶浆。准确称量配制双组分抹面胶浆用的乳液和砂浆，或是配制单组分抹面胶浆用的水和砂浆。用电动搅拌器均匀搅拌。一次配制的抹面胶浆在60min内用完。

020126 隔离带位置加铺增强玻纤网

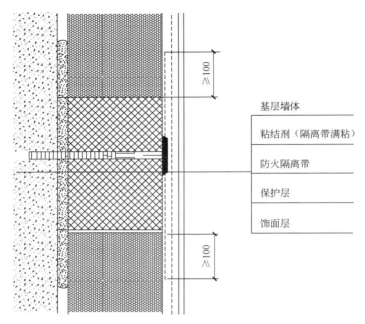

隔离带位置加铺增强玻纤网示意图

图中标注：

- ≥100
- 基层墙体
- 粘结剂（隔离带满粘）
- 防火隔离带
- 保护层
- 饰面层
- ≥100

隔离带位置加铺增强玻纤网施工现场图

施工工艺说明	在隔离带位置加铺增强玻纤网,增强玻纤网先于大面玻纤网铺设
施工控制要点	增强玻纤网上下超出隔离带宽度不应小于100mm,左右可对接,但对接位置离隔离带拼缝位置不应小于100mm
质量通病防治	隔离带处使用的保温材料不同于大面保温板,两种材料的拼接位置容易产生裂缝,因此,此处应加铺增强玻纤网以起到抗裂作用
施工注意事项	增强玻纤网的宽度应超出隔离带上下一定宽度,对接位置也应避开隔离带拼缝位置一定距离

020127 窗洞口保温板修整

窗洞口保温板修整施工现场图

施工工艺说明

窗洞口收口的处理要认真仔细。应沿着弹线切掉多余的保温板，并打磨平整。

020128 粘结窗口翻包玻纤网

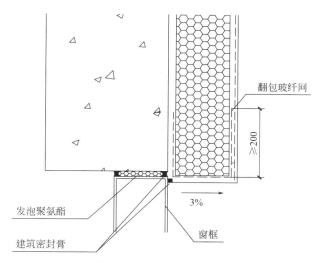

翻包玻纤网

≥200

发泡聚氨酯

建筑密封膏

3%

窗框

粘结窗口翻包玻纤网示意图

粘结窗口翻包玻纤网施工现场图

施工工艺说明

　　粘结好预先贴上的翻包玻纤网，预留的玻纤网长度大于板厚200mm。

020129 窗洞口四角玻纤网增强

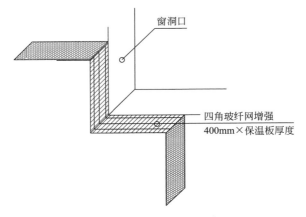

窗洞口四角玻纤网增强示意图

窗洞口四角玻纤网增强施工现场图

施工工艺说明

在窗洞口表面四角用玻纤网加强，尺寸宜为400mm×保温板厚度。翻包网压入墙体部分应不小于65mm，用中齿镘刀（齿深齿宽10mm）齿边将胶粘剂涂布于基层墙体上，形成高度不小于4mm的条形柱状。窗洞口四周翻包网应连续，断开处除四角部位，搭接宽度应不小于100mm，与大面保温板搭接宽度应不小于100mm。翻包网未粘结部分，待保温板粘贴锚固后，进行翻包抹面处理。

020130 窗洞口四角处加铺 45°增强玻纤网

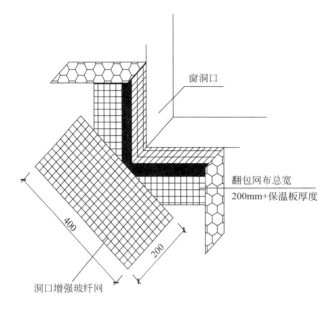

窗洞口

翻包网布总宽
200mm+保温板厚度

400

200

洞口增强玻纤网

窗洞口四角处加铺 45°增强玻纤网示意图

窗洞口四角处加铺 45°增强玻纤网施工现场图

施工工艺说明	窗洞口四角处沿 45°方向加铺 400mm×200mm 增强玻纤网
施工控制要点	增强玻纤网在大面玻纤网的内侧。翻包玻纤网与窗洞口增强玻纤网重叠时,可将重叠处的翻包玻纤网裁掉
质量通病防治	窗口四角处沿 45°方向加铺增强玻纤网以防止窗洞口四角处抹面层开裂
施工注意事项	增强玻纤网的尺寸为 400mm×200mm 且与窗洞口四角呈 45°。直接铺贴在保温板上,位于大面玻纤网内侧

020131 阳角安装角网做法

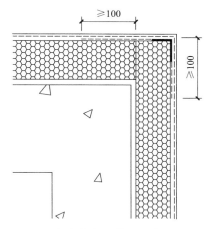

阳角安装角网做法示意图

阳角安装角网做法施工现场图

施工工艺说明

　　阳角处的保温板外侧抹底层涂刷抹面胶浆再粘结预制角网构件，位于大面玻纤网内侧。角网覆盖阳角两侧保温板，覆盖长度大于100mm。

020132 阳角安装护角做法

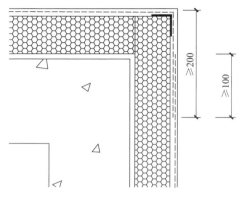

阳角安装护角做法示意图

阳角安装护角做法施工现场图

施工工艺说明

　　在阳角处的保温板外侧粘结预制护角构件，位于大面玻纤网内侧。覆盖护角的大面玻纤网较短一侧的长度应大于200mm。

020133 阳角玻纤网搭接做法

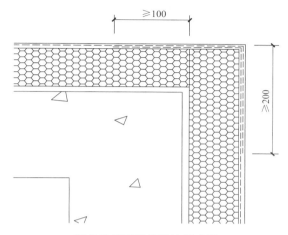

阳角玻纤网搭接做法示意图

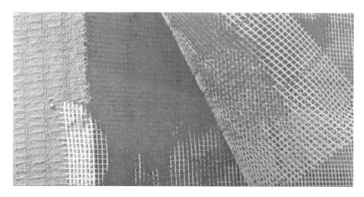

阳角玻纤网搭接做法施工现场图

施工工艺说明

　　阳角两侧的大面玻纤网在阳角处进行搭接，搭接的大面玻纤网短边需超出阳角保温板拼缝100mm。

020134 滴水檐安装

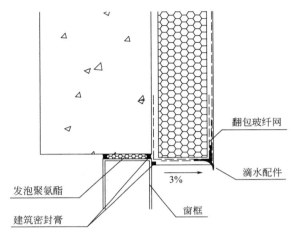

翻包玻纤网

滴水配件

发泡聚氨酯

3%

建筑密封膏

窗框

滴水檐安装示意图

滴水檐安装施工现场图

施工工艺说明

在保温板粘结完毕并粘结好窗洞口的翻包玻纤网后，在窗洞口上沿粘结预制专用滴水配件。

020135 滴水槽做法

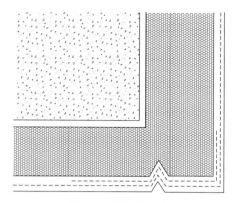

滴水槽做法示意图

滴水槽做法施工现场图

施工工艺说明

　　在窗口上沿保温板处开一个滴水槽，滴水槽粘结增强玻纤网，位于大面玻纤网内侧。

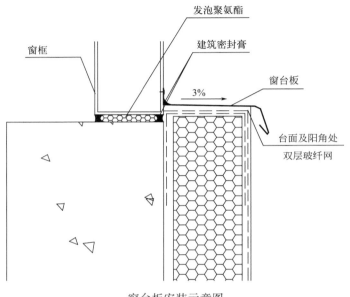

窗台板安装示意图

窗台板安装施工现场图

施工工艺说明	窗台两侧剔凿出安装窗台板的空间,将窗台板安放于窗台上,与窗框和窗台紧密贴合,用锚钉将窗台板与窗框锚固
施工控制要点	在窗台板与外窗接触的一侧粘结防水密封胶条,窗台板与外保温接触的外侧粘结防水密封胶条
质量通病防治	窗台板主要用于防止雨水从窗框和窗洞口接缝处渗透
施工注意事项	窗台板与外窗框、外保温与窗台板接触的部位注意粘结防水密封胶条

底层抹面胶浆

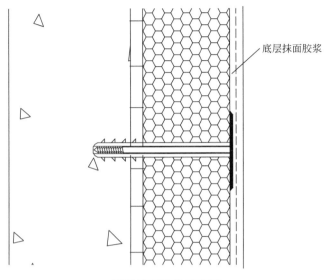

底层抹面胶浆

底层抹面胶浆示意图

底层抹面胶浆施工现场图

施工工艺说明	底层抹面胶浆应均匀涂抹于保温板板面
施工控制要点	底层抹面胶浆抹灰厚度为 2～3mm
质量通病防治	保温板粘结完成 24h 且经检查验收合格后可进行抹灰施工,如采用乳液型界面剂,应在表干后、实干前进行,以免影响保温板与基层墙体的粘结力
施工注意事项	底层抹面胶浆的抹灰厚度必须达到要求厚度,且涂抹均匀。抹面胶浆应按照比例配制,应计量准确,采用机械搅拌并保证搅拌均匀。一次配制的胶浆宜在 60min 内用完,超过可操作时间后不得再用

020138 铺贴大面玻纤网

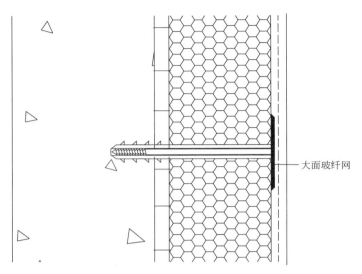

铺贴大面玻纤网示意图

大面玻纤网

铺贴大面玻纤网施工现场图

施工工艺说明	将大面玻纤网放置于抹面胶浆上,用抹子从中央向四周展平
施工控制要点	大面玻纤网遇搭接时,搭接宽度不应小于 100mm
质量通病防治	复合抹面层中的玻纤网应连续,以起到抗拉、传递应力和分散应力的作用。不应过度抹压大面玻纤网,大面玻纤网压得过低会造成大面玻纤网的应力分散作用降低,同时造成大面玻纤网表面的抹面胶浆过厚导致表面平整度较差
施工注意事项	模塑板和硬泡聚氨酯板外墙外保温系统采用单层大面玻纤网结构,即一层大面玻纤网位于锚栓外侧

020139 面层抹面胶浆

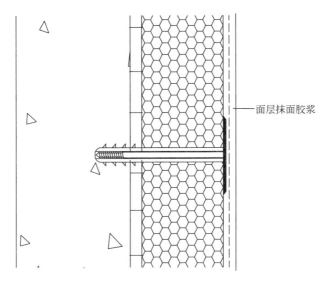

面层抹面胶浆

面层抹面胶浆示意图

面层抹面胶浆施工现场图

施工工艺说明	在底层抹面胶浆凝结前用抹面胶浆罩面,抹面胶浆表面应平整,玻纤网不得外露
施工控制要点	抹面胶浆厚度为 1～2mm,以仅覆盖玻纤网、微见玻纤网轮廓为宜。抹面胶浆总厚度控制在 3～5mm。其中,门窗洞口上部及两侧 200mm 范围内砂浆厚度不应小于 5mm
质量通病防治	抹面胶浆为外保温的防护层,抹得不均匀或局部未抹会使外界的雨水破坏外保温,降低保温性能
施工注意事项	均匀涂抹,将玻纤网覆盖

020140 加强部位加铺玻纤网

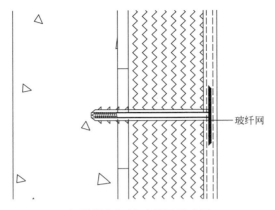

加强部位加铺玻纤网示意图

加强部位加铺玻纤网施工现场图

施工工艺说明

　　首层及其他需加强的部位，在面层抹面胶浆完成后再加铺一层玻纤网，并加抹一道抹面胶浆，抹面胶浆总厚度控制在15mm左右，首层可考虑铺设蘑菇石或面砖等外饰面材料，以达到要求的厚度。

020141 保温在地面以上勒脚做法

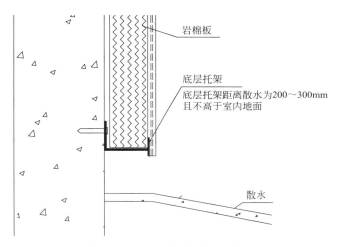

岩棉板

底层托架

底层托架距离散水为200～300mm
且不高于室内地面

散水

保温在地面以上勒脚做法示意图

保温在地面以上勒脚做法施工现场图

施工工艺说明

　　首层保温板底部安装底层托架，底层托架距离散水为
200～300mm且不高于室内地面。

020142 保温接触地面勒脚做法

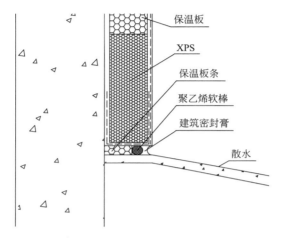

保温接触地面勒脚做法示意图

保温接触地面勒脚做法施工现场图

施工工艺说明

　　首层最底层保温板可采用抗压缩性能较好且吸水率较低的挤塑聚苯板，并采用玻纤网翻包，最底层保温板不能与地面的缝隙贴紧，可先填塞由保温板切割出的保温条，再填塞聚乙烯软棒，缝隙外侧用建筑密封膏密封。

020143 保温深入地下勒脚做法

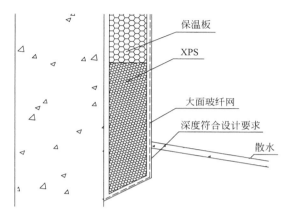

保温深入地下勒脚做法示意图

保温深入地下勒脚做法施工现场图

施工工艺说明

　　最底层保温材料可采用抗压缩性能较好且吸水率较低的挤塑聚苯板，保温板沿外墙嵌入散水以下（嵌入深度应符合设计要求），大面玻纤网也深入散水以下包裹最底层保温板。

| 020144 | 伸缩缝做法 |

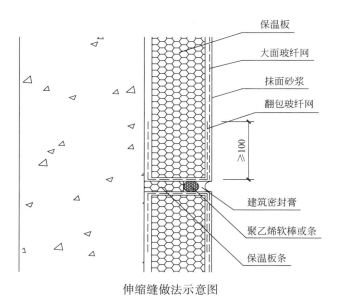

保温板

大面玻纤网

抹面砂浆

翻包玻纤网

≥100

建筑密封膏

聚乙烯软棒或条

保温板条

伸缩缝做法示意图

施工工艺说明

　　伸缩缝施工时，伸缩缝内应先垫适当厚度保温板后填塞发泡聚乙烯软棒或条（直径或宽度为缝宽的1.3倍），分两次勾填建筑密封膏，勾填厚度为缝宽的50％～70％。

020145　沉降缝（平缝）保温做法

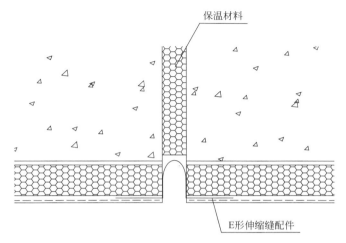

保温材料

E形伸缩缝配件

沉降缝（平缝）保温做法示意图

沉降缝（平缝）保温做法施工现场图

施工工艺说明

　　沉降缝（平缝）用保温材料填塞，沉降缝两侧墙面的保温材料外侧采用专用的伸缩缝配件将缝隙密封。

020146 沉降缝（转角缝）保温做法

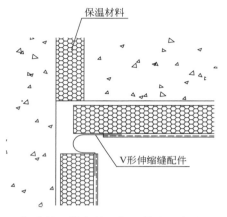

保温材料

V形伸缩缝配件

沉降缝（转角缝）保温做法示意图

沉降缝（转角缝）保温做法施工现场图

施工工艺说明

墙体间沉降缝（转角缝）用保温材料填塞，沉降缝转角两侧墙面的保温材料外侧采用专用的伸缩缝配件将缝隙密封。

020147 落水管处做法

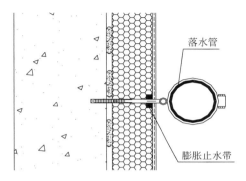

落水管处做法示意图

落水管处做法实物图

施工工艺说明
　　落水管固定于基层墙体，落水管支撑件与保温板外侧接触部位的缝隙用膨胀止水带密封。

020148 穿墙管处做法

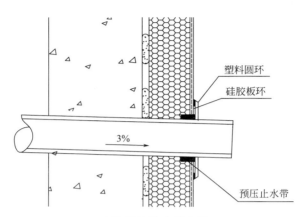

塑料圆环

硅胶板环

3%

预压止水带

穿墙管处做法示意图

穿墙管处做法施工现场图

施工工艺说明

　　穿墙管与外保温外侧的接触部位设置预压止水带，穿墙管与外保温外侧接触部位设置预压止水带，之后在外侧依次垫硅胶板环和塑料圆环。

020149 穿墙管（高温）做法

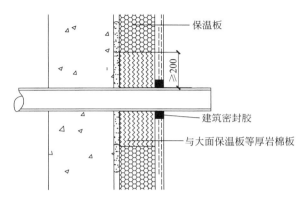

保温板

≥200

建筑密封胶

与大面保温板等厚岩棉板

穿墙管（高温）做法示意图

穿墙管（高温）做法施工现场图

施工工艺说明

　　通高温气体或液体的穿墙管（高温）四周采用不燃保温材料（如岩棉板）将穿墙管（高温）与大面可燃的保温材料隔离，其距离大于200mm，岩棉板与外墙大面保温板等厚，穿墙管（高温）与外墙表面接触的部位用建筑密封胶密封。

第二节 • 岩棉板外墙外保温

安装层间托架

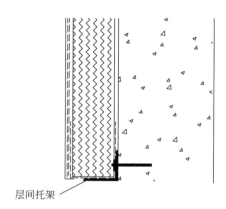

层间托架

安装层间托架示意图

安装层间托架施工现场图

施工工艺说明	岩棉板自重大,除楼底部保温板起始位置安装层间托架外,窗洞口上沿、阳台栏板下沿、出挑部位等位置也应视为起始位置安装托架
施工控制要点	层间托架宽度≥2/3 岩棉板厚度,且小于岩棉板厚度
质量通病防治	层间托架可起到临时支撑岩棉板的作用,保证岩棉板外墙外保温系统连接的安全性
施工注意事项	层间托架的数量和设置间隔需严格按照设计要求执行,层间托架宽度≥2/3 岩棉板厚度,且小于岩棉板厚度

020202 裁切岩棉板

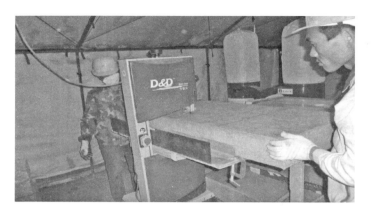

裁切岩棉板施工现场图

施工工艺说明

　　岩棉板自重大，将1200mm×600mm的岩棉板整块粘结上墙操作有难度，为便于施工可将岩棉板裁切为600mm×600mm的规格进行粘结。

020203 岩棉板涂刷界面剂

岩棉板涂刷界面剂施工现场图

施工工艺说明

岩棉板纤维对施工人员皮肤有刺激,为保护工人,可在岩棉板的粘结面和外侧表面涂刷界面剂。

020204 外墙大面铺贴岩棉板

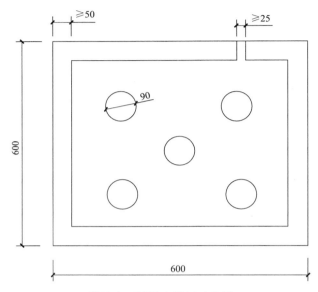

外墙大面铺贴岩棉板示意图

外墙大面铺贴岩棉板实物图

施工工艺说明	岩棉板一般采用点框粘,岩棉板排板宜按水平顺序进行,上下应错缝,错开尺寸宜不小于 200mm,阴阳角处应做错槎处理
施工控制要点	建筑高度不大于 24m 时,岩棉板与基层墙体的有效粘结面积率应不小于 50%(结合各区域的地方标准要求)。岩棉板在阳角处留马牙槎,伸出阳角的部分不涂抹胶粘剂。墙面边角处岩棉板的短边尺寸应不小于 300mm
质量通病防治	岩棉板的粘结面积率需达到要求,否则会影响岩棉板外墙外保温系统连接的安全性
施工注意事项	岩棉板与聚苯板不同,表面不能打磨。岩棉板粘结完成后,应立即在每块板上安装锚栓或采用其他方式进行辅助固定

020205 铺贴底层玻纤网

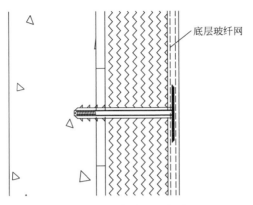

底层玻纤网

铺贴底层玻纤网示意图

铺贴底层玻纤网施工现场图

施工工艺说明

将玻纤网放置于底层抹面胶浆上，用抹子由中央向四周展平，遇搭接时，搭接宽度不应小于100mm。

020206 锚栓安装

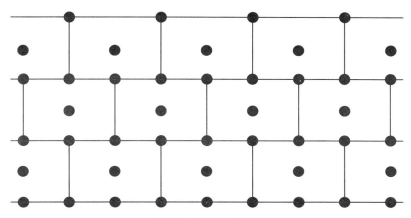

锚栓安装布置示意图

锚栓安装施工现场图

施工工艺说明	锚栓应压住底层玻纤网,即铺贴第一层玻纤网并抹中层抹面胶浆,完成后再安装锚栓。锚栓的安装工艺与锚栓聚苯板外墙外保温系统的安装方式相同
施工控制要点	锚栓安装应在底层玻纤网铺设完 24h 后进行,钻头直径应按照现行行业标准《外墙保温用锚栓》JG/T 366 的要求进行选择。锚栓应按设计数量均匀分布,宜呈梅花形布置。用于混凝土基层墙体的锚栓的有效锚固深度应不小于 25mm,用于其他基层墙体的应不小于 45mm
质量通病防治	锚栓应压住底层玻纤网,如果锚栓直接压住保温板而非玻纤网,会直接降低岩棉板外墙外保温系统连接的安全性
施工注意事项	基层墙体为加气混凝土时不应使用电锤和冲击电钻

020207 铺贴面层玻纤网

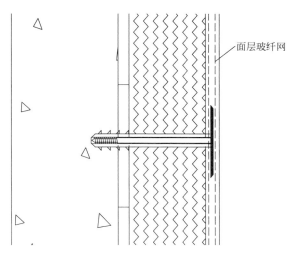

面层玻纤网

铺贴面层玻纤网示意图

铺贴面层玻纤网施工现场图

施工工艺说明

　　岩棉板外墙外保温系统，采用双层玻纤网结构，即一层玻纤网位于锚栓内侧，另一层玻纤网位于锚栓外侧。

第三节 • 岩棉条外墙外保温

020301 安装托架

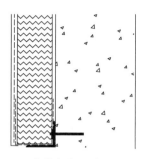

安装托架示意图

安装托架实物图

施工工艺说明

　　岩棉条外墙外保温系统中，除楼底部保温板起始位置安装托架外，窗洞口上沿、阳台栏板下沿、出挑部位等位置也应视为起始位置安装托架，托架宽度≥2/3岩棉板厚度，且小于岩棉板厚度。具体安装工艺与有机保温板薄抹灰外保温系统中的托架安装工艺一致。

020302 外墙大面铺贴岩棉条

条粘法示意图

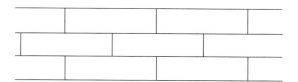

外墙大面铺贴岩棉条排板示意图

外墙大面铺贴岩棉条实物图

施工工艺说明

    岩棉条与基层墙体宜采用条粘法，粘结面积率不应小于70%。墙面边角处岩棉条的长度不小于300mm。

020303 锚栓安装

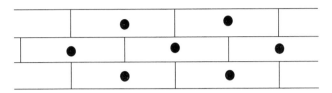

锚栓安装示意图

锚栓安装施工现场图

施工工艺说明

岩棉条外墙外保温的锚栓安装工艺与有机保温板薄抹灰外墙外保温系统的安装工艺相同，锚栓数量应不小于 4 个/m^2，面积大于 $0.1m^2$ 的岩棉条均应设置锚栓。

020304 铺贴玻纤网

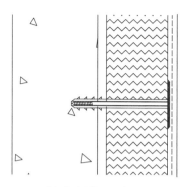

铺贴玻纤网示意图

铺贴玻纤网施工现场图

施工工艺说明

　　岩棉条外墙外保温系统一般采用单层玻纤网结构，其工艺做法与有机保温板薄抹灰外墙外保温的工艺做法相同。当基层墙体的平整度不好时，可采用双层玻纤网结构，其工艺做法与岩棉板外墙外保温的工艺做法相同。

第四节 ● 保温装饰一体板

基层检查处理施工现场图

施工工艺说明	保温装饰一体板系统施工前,应对基层墙体质量进行检查,检查墙体质量、拉拔强度、平整度,对不符合要求的进行处理。 检查合格后,进行墙面处理,其处理方法:使用如大刷子等工具清理墙面
施工控制要点	墙体质量:符合现行国家标准《混凝土结构工程施工质量验收规范》GB 50204 和《砌体结构工程施工质量验收规范》GB 50203 相关规定。 拉拔强度:基层墙体拉拔强度不低于 0.3MPa。 平整度:水泥砂浆找平层应满足现行国家标准《建筑装饰装修工程质量验收标准》GB 50210 中普通抹灰的验收要求。 处理要求:应清洁、无油污、无隔离剂等妨碍粘结的附着物,无附着灰土
质量通病防治	平整度不符合要求的基层墙体,应进行砂浆找平。找平层应与基层粘结牢固,不得出现脱层、空鼓、酥松、裂缝,面层不得出现粉化、起皮、爆灰等现象
施工注意事项	灰土用刷子满刷一遍可清除,对难以清除的附着物可在不损害墙体的前提下,合理采用其他工具

检查放线施工现场图

施工工艺说明	首先根据建筑物设计图纸和现场实际控制点,弹出垂直控制线和水平控制线,从控制线处开始测量门窗、成品线条和墙体等实际尺寸。在各个施工面的阳角和窗洞口侧边,垂挂钢丝线以保证整体垂直度。使用红外水平仪或水平管打出水平基准线后采用点线法打线。 根据设计图在施工墙面上用墨线弹出纵向和横向的分格线,以确定每块板和成品线条的规格大小及位置
施工控制要点	点线法打线:即先打基准点,检查完毕后,再用墨斗在基层面上弹出,以免产生错误时造成墙面墨线杂乱无法分辨。 结合建筑物设计图纸及现场实际控制点弹出垂直控制线和水平控制线,由控制线处开始测量门窗、成品线条、墙体等的实际尺寸。 根据实际测量数据,结合施工图纸确定保温装饰板和成品线条的分格方案和下料尺寸,下料要做到统一、准确
质量通病防治	打线步骤可能产生偏差,可以考虑交叉打点,最大限度减小误差
施工注意事项	每个连接施工面均要弹线。挂垂线以确保整体垂直度,还应充分考虑系统成型厚度(即基层面至保温装饰板面的成型距离)与窗户型材的进出关系。门洞口以及一些节点部位弹线要考虑板厚的增减关系,以及滴水、顺水坡度产生的水平位置关系。弹线时注意每个连接施工面均要弹线

020403 保温装饰板裁切

保温装饰板裁切施工现场图

施工工艺说明	板材、成品线条按弹线后实际规格尺寸加工,按备料单进行实际安装尺寸复核,加工切割尺寸精度控制在±2mm 内,切割时扣除分割缝尺寸
施工控制要点	每批次加工前应试下料,合格后方可批量加工。 保温装饰板裁切应符合保温装饰板产品技术规程要求,长宽尺寸偏差小于 2mm,对角线偏差小于 3mm。对保温装饰板和成品线条进行切割处理,切割完毕后进行切割面倒角细磨处理,按设计要求进行倒角、界面加强等处理。 加工好的材料检查:每一批次的前 5 块产品全数检查,批量加工生产后的按 5% 的比例抽检
质量通病防治	尺寸较大切割可能出现较大误差,需多次切割,并在线条上弹出切割线以控制误差。 板材侧边涂刷侧边封闭剂,如保温芯材为挤塑聚苯板,其背面必须涂刷专用界面剂
施工注意事项	成品线条切割时,需复核图纸与现场拼装方式。切割面不得造成装饰层起毛边、毛刺,不得破坏面板。对加工后的板材分类贴标签,并分别堆放好,板材水平堆放时面板光泽面相向,板块堆高数量不宜超过 10 块;严禁竖向堆放,注意保护装饰面,未安装完成前不得撕去保护膜,严禁乱堆乱放

020404 保温装饰板开槽

保温装饰板开槽施工现场图

施工工艺说明	使用专用开槽机器对保温装饰板进行开槽
施工控制要点	复合板开槽时应保证两槽最大间隔不大于 600mm，最小间隔不小于 200mm，最小板边距不应小于 100mm，采用平行边固定并且固定边棱不少于两条平行边，每块板材的锚固点不少于 4 个
质量通病防治	开槽时要保证槽口处无破损及内裂
施工注意事项	校正裁板锯及开槽机精度，选择合适的锯片规格，根据套材尺寸对板块进行精准裁切及开槽

020405 保温装饰板安装托架

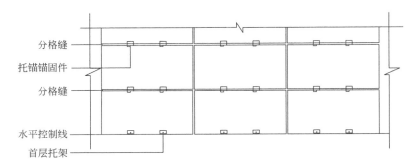

注：1. 当横向缝锚固件具有承托功能时，可用其代替首层托架。

2. 竖向缝锚固件根据设计要求设置。

保温装饰板安装托架示意图

保温装饰板安装托架施工现场图

施工工艺说明	按设计或施工放线位置用冲击钻或电锤对基层墙体钻孔,钻孔后用锚固件预装托架
施工控制要点	钻孔时,钻孔深度应大于有效锚固深度 10mm。 托架应该托住板材厚度 2/3 以上。托架根据水平基准线的位置放置,先稍微固定锚栓,后拉水平通线进行调整,使托架板面均处在同一水平面上,最后完全固定锚栓
质量通病防治	托架安装可能出现同层不在同一水平基准线上的情况,可在安装时可根据水平基准线的位置,先稍微固定锚栓,后拉水平通线进行调整,使托架板面均处在同一水平基准线上,最后完全固定锚栓
施工注意事项	锚固件布置应符合设计要求。 钻孔深度、托架范围等应满足技术要求

020406 制备专用粘结砂浆

制备专用粘结砂浆施工现场图

施工工艺说明	应按专用粘结砂浆的配比要求配制砂浆，在砂浆搅拌机中搅拌或在胶桶中用电动搅拌器搅拌
施工控制要点	专用粘结砂浆首次搅拌 3～5min 后，要静置 5～10min，然后再次拌匀方可使用。 搅拌好的专用粘结砂浆应在 1.5～2.0h 内使用完
质量通病防治	制备专用粘结砂浆应遵照技术要点，应充分搅拌、稠稀适合，可以用泥掌满刮起拌好的粘结砂浆观察，以上墙后不产生流挂为佳
施工注意事项	砂浆配比应按专用粘结砂浆的配比要求配制。 搅拌砂浆必须使用容器和专用电动搅拌器，禁止直接在地面上搅拌。 严禁将超过使用时间的专用粘结砂浆二次搅拌再用

020407 保温装饰板点框法粘结

保温装饰板点框法粘结施工现场图

保温装饰板粘结要求

部位及产品	基本规定 （立面、大面墙体）	成品线条 及防火隔离带	转角、窗洞口 等部位
粘结面积率	≥50％	≥90％	≥90％
粘结方法	点框法或点粘法	满粘法	满粘法

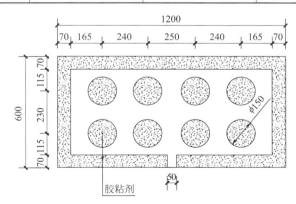

保温装饰板点框法粘结示意图

施工工艺说明	在保温装饰板四周边上先用抹刀涂抹一定宽度的粘结砂浆，在板顶部、底部位置刮出排气孔，然后在板面间粘结点均匀涂抹粘结砂浆，粘结点必须要布置均匀
施工控制要点	四周砂浆宽度应≥80mm，厚度＞20mm，距板边30～50mm。 底部、顶部的砂浆缺口尺寸控制在100mm左右。每个砂浆粘结点的直径＞150mm，厚度＞20mm。 砂浆粘结面积不得小于板面的50%
质量通病防治	砂浆粘结点应布置均匀
施工注意事项	砂浆粘贴面积不得小于板面的50%。 粘结砂浆使用应严格遵守技术要点。 采用点框法粘结保温装饰板，涂好专用粘结砂浆后应立即进行保温装饰板的粘结

020408 粘结保温装饰板

粘结保温装饰板施工现场图

整平保温装饰板施工现场图

施工工艺说明	保温装饰板应从水平控制线位置开始，自下而上，按预留的排板位置沿水平方向横向铺贴；横向施工应遵守先阳角后阴角的原则，先保证特殊结构施工完毕，再进行大面积施工
施工控制要点	将板推压至墙面上，然后用吸盘吸附在板的表面，手握吸盘揉动保温装饰板，并调整保温装饰板的位置，使整体板面保持平整，对齐分格缝。安装时宜带线施工，线与墙的挂线间距按完成面控制，线长度宜控制在 7～10m，线中间采用辅助点控制。粘结第二块或上一层保温装饰板（板缝之间）必须安装塞缝垫块且保证其拆卸方便。 整体平面的平整度＜3mm/2m，板缝高低差＜1.5mm。 塞缝垫块布置：每边不少于二个，间距不大于600mm。塞缝垫块宜采用硬质材料，厚度按板缝宽度选择
质量通病防治	随时用 2m 靠尺和线锤检查，如偏差小，应在专用粘结砂浆初凝前轻微校正；如偏差大，应卸下重新安装
施工注意事项	保温装饰板粘结的平整度、垂直度应符合要求。每粘结完一块，应及时清除挤出的砂浆；板与板之间的缝隙要均匀一致且满足设计要求。 粘结保温装饰板及成品线条时严禁用硬物敲击板面

020409 保温装饰板安装锚固件

保温装饰板安装锚固件施工现场图

施工工艺说明	将钻头从扣件的安装孔中穿过,在墙体上钻好安装孔,将膨胀管套在金属螺钉上从扣件的安装孔内穿过,伸入钻好的安装孔内拧紧锚钉,应确保膨胀锚栓尾部回拧使之与基层充分锚固
施工控制要点	锚固件应满足系统安装工艺的要求,且至少应设在保温装饰板的上下边,侧边根据平整度设置,每 m² 不少于 8 套(特殊部位除外)。 板水平方向边长≤600mm 时,应在上下各设置 1 套;板水平方向边长>600mm 时,应在上下各均匀设置不少于 2 套
质量通病防治	为避免造成板面变形成波浪形状,应根据板面的平整度来调节锚固力的大小
施工注意事项	选用面板锚固的扣件安装形式时,扣件应置入板槽内,使之受力于面板且接触良好,严禁将扣件直接受力于保温芯材。 锚固系统的锚固方式选择应根据实际工程的基层墙体来进行确定

020410 保温装饰板填充嵌缝材料

保温装饰板填充嵌缝材料施工现场图

施工工艺说明	清除板边毛刺及板缝内的垫块、砂浆灰尘等杂物,然后填充泡沫棒
施工控制要点	保温装饰板的板缝处理应在安装 24h 后进行,填缝材料宽度一般为板缝宽度的 1.2～1.5 倍。 嵌缝泡沫条深度距板面不得小于 5mm
质量通病防治	填充时应均匀嵌入板缝,不能生拉硬扯,避免出现泡沫棒弹性回缩现象
施工注意事项	嵌缝泡沫条应完整、清洁,表面不得有破损、污染;施工时嵌缝泡沫条应均匀嵌入板缝,不得强行拉扯,避免嵌缝泡沫条出现回缩现象

020411 保温装饰板板缝打密封胶

保温装饰板板缝打胶施工现场图

施工工艺说明	根据分格缝宽度的要求弹出分格线再沿线贴上美纹纸，再用（中性）耐候硅酮密封胶勾缝
施工控制要点	分格缝宽度（密封胶完成面）宜控制在 8～15mm。揭开板缝两侧保护膜，并沿板缝两侧贴美纹纸，贴美纹纸时要在距板缝边 1～2mm 处预留空间，粘贴应整齐平直、宽窄一致，并按压密实。 　　打胶作业时，基材表面适宜温度应≥5℃且≤38℃，打胶时基材表面必须干燥。 　　打胶后顺一个方向立即进行胶缝的修刮平整，不可来回移动
质量通病防治	避免出现填缝不均匀、胶缝不平整等问题，注意按照上述施工要求施工。 　　避免美纹纸粘贴时间过长导致板面漆膜破坏，应及时撕掉美纹纸并丢弃至收纳箱
施工注意事项	施工前应确保基材表面干净、干燥，并在规定的温度范围内施工。填缝应饱满、密实、连续、均匀、无气泡

020412 保温装饰板安装透气阀、排水设施

保温装饰板安装透气阀施工现场图

施工工艺说明	透气阀采用 PVC 塑料制成,其作用是调节保温装饰板与墙体间的气压
施工控制要点	单向透气阀安装时气孔口应朝下。 透气阀的设置为 1 个/15~20m²,满粘部位不做要求
质量通病防治	安装应在密封胶凝固前进行
施工注意事项	透气阀应根据设计要求选用。并避免耐候硅酮密封胶起鼓、保温装饰板变形

020413 保温装饰板撕膜清洁

保温装饰板撕膜清洁施工现场图

施工工艺说明	待所有工艺全部完成后，撕去板面保护膜，然后用干净柔软的毛巾擦除装饰面层的遗留物
施工控制要点	撕板面保护膜时，注意用力应均匀，缓慢撕去
质量通病防治	如板面不慎留有耐候硅酮密封胶，应及时用布蘸专用清洁剂清除，再用清水布清除一遍
施工注意事项	严禁用超过板面硬度的工具剔除板面污染物，防止损坏保温装饰板面

第三章　屋面工程

第一节 ● 找坡和找平层

屋面基层清理

屋面基层清理施工现场图

施工工艺说明

　　预制或现浇的混凝土基层表面，应平整、干燥和干净。应清理基层上面的松散杂物，将凸出基层表面的硬物剔平扫净，对不易与找平层结合的基层应进行界面处理。

030102 管根固定

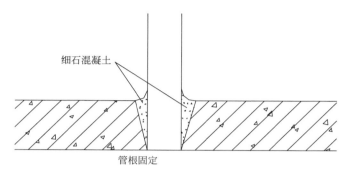

细石混凝土

管根固定

管根固定剖面图

管根固定施工现场图

施工工艺说明

突出屋面的管道、支架等根部，应用细石混凝土堵实和固定。

030103 水泥砂浆找平层

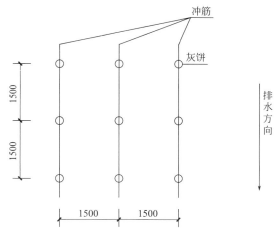

水泥砂浆找平层贴灰饼平面图

水泥砂浆找平层贴灰饼施工现场图

施工工艺说明	找平层施工前,应适当洒水湿润基层表面。根据设计标高设置贴点标高、冲筋,找坡应按屋面排水方向和设计坡度要求设置找平墩,最薄处厚度不宜小于 20mm;在排水沟、雨水口处找出泛水位置,冲筋后进行找平层抹灰
施工控制要点	砂浆各组分要计量准确,配制时应搅拌均匀,底层为塑料薄膜隔离层、防水层或不吸水保温层,宜在砂浆中加减水剂并严格控制稠度。砂浆铺设应按照由远到近、由高到低的顺序进行,每一分格内连续抹成,严格掌握坡度
质量通病防治	坡度小、不平整、积水,采用聚合物水泥砂浆修补抹平。 表面起砂、起皮、麻面,应清除起皮、起砂、浮灰,用聚合物水泥涂刷、养护。 转角圆弧形不合格,用聚合物水泥砂浆修补或放置聚苯乙烯泡沫条。 找平层裂纹,涂刷一层压密胶,之后用聚合物水泥砂浆涂刮修补
施工注意事项	注意天气变化,如气温在 5℃ 以下或终凝前可能下雨时,不宜施工。如必须施工,应采取相应的技术措施,保证质量。铺设找平层 12h 后,需洒水养护

030104 细石混凝土找平层

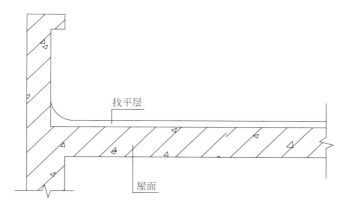

细石混凝土找平层剖面图

细石混凝土找平层施工现场图

施工工艺说明	将搅拌好的细石混凝土铺抹到地面基层上（水泥浆结合层要随刷随铺），紧接着用长刮杠顺着冲筋刮平，滚压密实直至表面出浆为止，凹陷处用同配合比混凝土补平，然后用木抹子搓平。木抹子搓平后，再用长刮杠刮平。混凝土滚压密实后，用铁抹子轻压面层，将脚印抹平。当面层开始凝结，地面上有脚印但不下陷时，用铁抹子进行第二遍抹面，尽量不留波纹
施工控制要点	当下一层为水泥混凝土垫层时，铺设前其表面应湿润；如表面光滑，尚应进行划毛或凿毛处理，以利于上下层结合。铺设时先刷一遍素水泥浆，水灰比宜为 0.4～0.5，要求随刷随铺设混凝土拌合料
质量通病防治	混凝土运输过程中应防止漏浆和离析
施工注意事项	混凝土强度等级应符合设计要求，且不低于 C20。立管、套管、泄水口严禁渗漏，坡向应正确、无积水

第二节 ● 防水卷材屋面

030201 防水基层处理

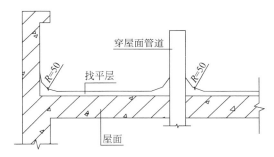

防水基层处理剖面图

防水基层处理施工现场图

施工工艺说明

  防水基层应坚实、干净、平整，应无空隙、起砂和裂缝。基层的干燥程度应根据所选防水卷材的特性确定。干燥程度的简易检测方法：将 $1m^2$ 卷材平坦地铺在找平层上，静置 3～4h 后掀开检查，找平层与卷材上未见水印即可涂刷基层处理剂，铺贴卷材。

030202 卷材铺贴方向、位置

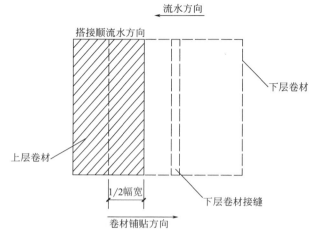

卷材铺贴方向、位置平面图

卷材铺贴方向、位置施工现场图

施工工艺说明

　　防水卷材层施工时，应先进行细部构造处理，然后由屋面最低标高向上铺贴；檐沟、天沟卷材施工时，宜顺檐沟、天沟方向铺贴，搭接缝应顺流水方向；卷材宜平行屋脊铺贴，上下层卷材不得相互垂直铺贴。

030203 屋面卷材搭接

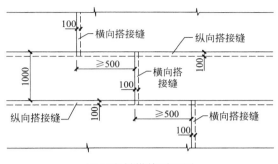

屋面卷材搭接平面图

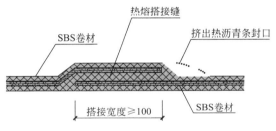

屋面卷材搭接剖面图

施工工艺说明

　　平行屋脊的搭接缝应顺流水方向，搭接缝宽度应符合其材料要求宽度（高聚物改性沥青防水卷材，胶粘剂搭接 100mm，自粘搭接 80mm；合成高分子防水卷材，胶粘剂搭接 80mm，单缝焊搭接 60mm，有效焊接宽不小于 25mm，双缝焊搭接 80mm，有效焊接宽 10mm×2＋空腔宽度）；同一层相邻两幅卷材短边搭接缝错开不应小于 500mm；上下层卷材长边搭接缝应错开，且不应小于幅宽的 1/3；叠层铺贴的各层卷材，在天沟与屋面的交接处，应采用叉接法搭接，搭接缝应错开，宜设在屋面与天沟侧面，不宜留在沟底。

030204 冷粘法铺贴卷材

冷粘法铺贴卷材施工现场图

施工工艺说明

应根据胶粘剂的性能与施工环境、气温条件等，控制胶粘剂涂刷与卷材铺贴的时间间隔；铺贴卷材时应排除卷材下面的空气，并应用辊压粘结牢固；卷材应平整顺直，搭接尺寸应准确，不得扭曲、皱折；搭接部位的接缝应满涂胶粘剂，辊压应粘结牢固。

合成高分子卷材铺好压粘后，应将搭接部位的粘结面清理干净，并应采用与卷材配套的接缝专用胶粘剂，在搭接缝粘结面上涂刷均匀，不得露底、堆积，应排除接缝间的空气，并用辊压粘结牢固；低温施工时，宜采用热风机加热。搭接缝口应用材性相容的密封材料封严。

030205 自粘法铺贴卷材

自粘法铺贴卷材施工现场图

施工工艺说明

　　铺贴卷材时应将自粘胶底面的隔离纸完全撕净；铺贴卷材时应排除卷材下面的空气，并应辊压粘结牢固；铺贴的卷材应平整顺直，搭接尺寸应准确，不得扭曲、皱折；低温施工时，立面、大坡面及搭接部位宜采用热风机加热，加热后应随即粘结牢固；搭接缝口应采用材性相容的密封材料封严。

030206 卷材热熔搭接缝处理

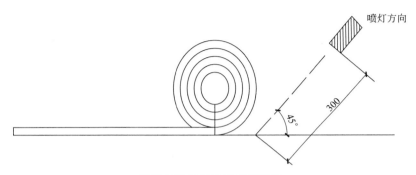

喷灯方向

45°

300

卷材热熔搭接缝处理剖面图

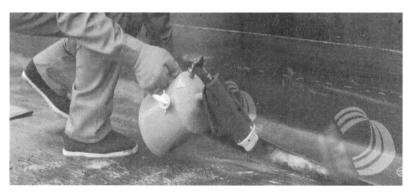

卷材热熔搭接缝处理施工现场图

施工工艺说明	喷灯的喷嘴距卷材面的距离应适中,幅宽内加热应均匀,应以卷材表面熔融至光亮黑色为度,不得过分加热卷材;厚度小于 3mm 的高聚物改性沥青防水卷材,不得采用热熔法施工
施工控制要点	火焰加热器的喷嘴距卷材面的距离应适中,幅宽内加热应均匀,应以卷材表面熔融至光亮黑色为度,不得过分加热卷材;卷材表面沥青热熔后应立即铺贴卷材,铺贴时应排除卷材下面的空气
质量通病防治	搭接缝部位宜以溢出热熔的改性沥青胶结料为度,溢出的改性沥青胶结料宽度宜为 8mm,并宜均匀顺直;当接缝处的卷材上有矿物粒或片料时,应用火焰烘烤并清除干净后再进行热熔和接缝处理
施工注意事项	当接缝处的卷材上有矿物或片料时,应用火焰烘烤并清除干净后再进行热熔和接缝处理;铺贴卷材时应平整顺直,搭接尺寸应准确,搭接不得扭曲

030207.1 屋面排气管

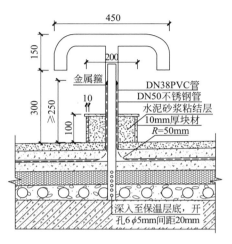

屋面排气管剖面图

屋面排气管实物图

施工工艺说明

　　排气出口应埋设排气管，排气管应设置在结构层上；穿过保温层的管壁应打排气孔，屋面排气管应提前策划，整齐划一，高度、方向、做法一致，位置宜设置于分格缝纵横向交点中心位置，且成排成线，排气管宜做防锈金属套管保护；非倒置式上人屋面宜设置暗排排气孔。

030207.2 排气管补救方法

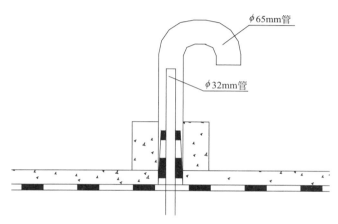

ϕ65mm管

ϕ32mm管

排气管补救方法剖面图

施工工艺说明

　　当原预留的排气管受到污染或破坏时，可采用管外套管的方式进行补救，套管应套在内管卷起防水卷材的外侧，并向下埋入屋面面层内。

第三节 ● 涂膜防水屋面

防水涂料搅拌

防水涂料称重施工现场图

防水涂料搅拌施工现场图

施工工艺说明	双组分或多组分防水涂料各组分应按配合比准确计量,应采用电动机具搅拌均匀,已配制的涂料应及时使用
施工控制要点	涂料混合时,应先将主剂放入搅拌容器,然后放入固化剂并立即开始搅拌。搅拌的混合料以颜色均匀一致为标准
质量通病防治	涂膜层过厚或过薄,会影响防水效果及施工质量,应在施工前按设计要求事先确定每道涂料涂刷的厚度及每个涂层需要涂刷的遍数
施工注意事项	每次配制的量应根据涂刷面积计算确定。混合后的涂料存放时间不得超过规定的可使用时间。不得一次配制过多,以免涂料发生凝聚或固化而无法使用

030302 涂刷防水涂料

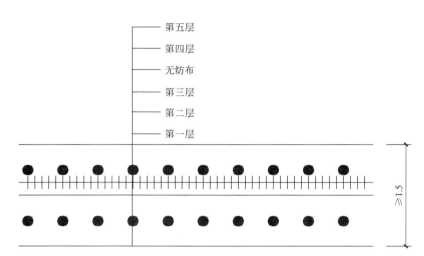

涂刷防水涂料剖面图

涂刷防水涂料施工现场图

施工工艺说明	采用长板刷或圆形滚动涂刷,涂刷要横竖交叉进行,应平整均匀、厚度一致。每层涂刷完约 4h 后,涂料可固结成膜,之后可进行下一层涂刷。为消除屋面因温度变化而产生的膨胀,在涂刷第二层涂膜后铺无纺布,然后涂刷第三层涂膜。无纺布搭接长度不应小于 100mm。屋面涂刷厚度根据防水等级确定,涂膜防水厚度不得小于 1.5mm
施工控制要点	涂料涂刷应分条或按顺序进行,分条进行时,每条宽度应与胎体增强材料宽度一致,避免操作人员误踩踏刚涂好的涂层
质量通病防治	为避免涂膜厚度不均匀,出现露底、气泡、表面不平整的情况,应先将涂料直接分散倒在屋面基层上,用刮板来回刮涂,使其厚薄均匀
施工注意事项	立面部位涂层应该在平面涂刷前进行,涂刷次数应根据涂料的流平性确定

铺设胎体增强材料施工现场图

施工工艺说明	在涂刷第二遍涂料时，或涂刷第三遍涂料前，即可加铺胎体增强材料；膜间夹铺胎体增强材料时，宜边涂刷边铺胎体，胎体应铺贴平整，排除气泡，并应与涂料粘结牢固；在胎体上涂刷涂料时，应使涂料浸透胎体，并应覆盖完全，不得有胎体外露现象，最上面的涂膜厚度不应小于1mm；涂膜施工时应先做好细部处理，再进行大面积涂刷；屋面转角及里面的涂膜应薄涂多遍，不得流淌和堆积
施工控制要点	防水涂料应分层多遍涂刷或喷涂，并应待前一遍涂刷的涂料干燥成膜后，再涂刷下一遍涂层，且前后两遍涂料的涂刷方向宜相互垂直；涂膜施工应先对水落口、天沟、檐口、阴阳角、设备基础、屋面管道、排气孔等细部节点进行密封或加强处理，再大面积涂刷；阴阳角增强层和空铺层的胎体材料，距中心每边宽度不应小于250mm，铺贴时应松弛，不得拉伸过紧和出现褶皱；防水涂层施工应均匀，不得漏刷漏涂，接槎宽度不应小于100mm；大面积铺贴胎体材料时，同层相邻的搭接宽度不得小于100mm，上下接缝应错开不小于1/3幅宽
质量通病防治	材料质地柔软，易变形，铺贴时不易展开，且易出现褶皱、翘边、空鼓现象，无大风情况下，使用干铺法施工
施工注意事项	胎体增强材料铺贴后，应严格检查表面是否有缺陷或搭接不严等现象，如发现上述问题，应及时修补完整，使其形成一个完整的防水层

030304 涂料热熔刮涂施工

涂料热熔刮涂施工现场图

施工工艺说明	将涂料加入专用导热油炉加热,加热温度不应高于200℃,使用温度不宜低于180℃。涂刷时将融化的涂料倒在基面上,迅速用带齿的刮板刮涂
施工控制要点	操作时一定要快速、准确,必须在涂料冷却前刮涂均匀,否则涂膜发粘导致涂料无法刮开、刮匀
质量通病防治	施工时应合理地控制上料量,尽量缩短上料和刮涂的时间间隔。如温度过低,可将基层用喷灯烤热后再上料刮涂,避免涂膜尚未刮匀却已冷却发粘无法刮开
施工注意事项	铺设胎体增强材料的涂膜防水层施工时,涂料每遍涂刷的厚度控制在1~1.5mm。铺设胎体增强材料时应采用分条间隔施工法,在涂料涂刷均匀后立即铺设胎体增强材料,然后再涂刷第二遍至设计厚度

030305 涂料冷喷涂施工

涂料冷喷涂施工现场图

施工工艺说明

　　将防水涂料置于密闭容器中，通过齿轮泵或空气泵，将涂料通过输送管送至喷枪处，将涂料喷涂于基面上，形成一层均匀致密的防水层。

030306 涂料喷涂施工

涂料喷涂施工现场图

施工工艺说明

将涂料加入加热容器中，加热至180~200℃，待全部熔化至流态后，启动沥青泵开始输送涂料并喷涂。喷涂时注意枪头与基面夹角为45°，枪头与基面距离600mm左右。

第四节 ● 保护层及面层

030401 浅色、反射涂料保护层

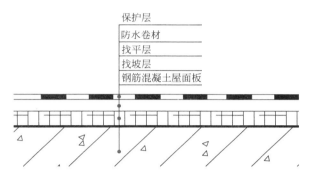

浅色、反射涂料保护层剖面图

浅色、反射涂料保护层施工现场图

> **施工工艺说明**
> 　　涂刷浅色、反射涂料应等防水层养护完毕后进行，涂刷前，应清除防水层表面的浮灰。涂刷应均匀，避免漏涂。两遍涂刷时，第二遍涂刷方向应与第一遍垂直。

030402 预制板块保护层

预制板块保护层实物图

施工工艺说明

预制板块铺贴前应做好分格布置，找平和找坡标准块、挂线铺贴工作，使块体布置横平竖直、缝口宽窄一致、表面平整、排水坡度合适。预制板块铺贴前应浸水湿润并晾干。铺贴要在水泥砂浆初凝前完成，做到块体表面平整、粘结砂浆密实，较大块体可铺灰摆放、小板块可打灰铺贴。

接头缝宽度按10mm左右控制，也可在块体铺贴并养护1~2d后经清扫、湿润缝口后再予以勾实。

030403 细石混凝土保护层

横向分格缝

细石混凝土保护层实物图

施工工艺说明	细石混凝土保护层施工前,应在防水层上铺设一层隔离层,并支设好分格缝
施工控制要点	一个分格内的细石混凝土宜一次连续完成,宜采取滚压或人工拍实、刮平表面,木抹子二次提浆收平。注意施工不宜采取机械振捣的方式,不宜掺水泥砂浆或干灰抹压、收光表面
质量通病防治	细石混凝土初凝后及时取出分格缝木条,修整好缝边。终凝前用铁抹子压光。保护层内如配筋,钢筋网片设置在保护层中间偏上部位,预先用砂浆垫块支垫以保证位置正确
施工注意事项	适时开始养护,养护时间不应少于 7d,完成养护后清理分格缝,采用嵌填密封材料的方式封闭

030404 上人屋面地砖铺贴

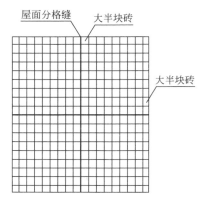

上人屋面地砖铺贴平面图

上人屋面地砖铺贴实物图

施工工艺说明

　　此种做法适用于防水卷材上人屋面。在防水层表面铺设水泥砂浆进行地砖铺贴，铺贴过程中注意屋面的排水坡向及坡度，雨水口处不得积水，应设置分格缝，分格缝纵横间距不应大于10m，宽度宜为20mm；创优工程要做到屋面流水坡向正确、无积水；饰面砖排砖整齐合理、无空鼓，砖缝顺直、宽窄一致；排水口、突出物等周边排砖整齐、美观。

第五节 ● 刚性防水屋面

030501 准备工作

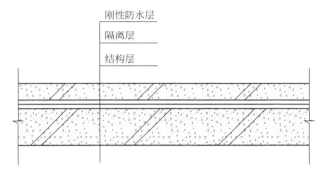

刚性防水层

隔离层

结构层

刚性防水屋面剖面图

刚性防水屋面实物图

施工工艺说明	刚性防水屋面是采用混凝土浇捣而成的防水屋面。在混凝土中掺入膨胀剂、减水剂、防水剂等外加剂，使浇筑后的混凝土细致密实，水分子难以通过，从而达到防水的目的
施工控制要点	混凝土材料：按设计要求备齐各种材料，并应按工程需要一次备足，保证混凝土一次浇捣完成。钢筋：按设计要求施工。嵌缝材料：宜采用改性沥青基密封材料或合成高分子密封材料，也可采用其他油膏或胶泥。北方地区应选用抗冻性较好的嵌缝材料
质量通病防治	刚性防水屋面不得出现渗漏和积水现象。所用的混凝土、砂浆原材料、各种外加剂及配套使用的材料等必须符合质量标准和设计要求。进场材料应按规定检验合格。穿过屋面的管道与屋面交接处，周围要用柔性材料增强密封，不得渗漏；各节点做法应符合设计要求。混凝土、砂浆的强度等级、厚度及补偿收缩混凝土的自由膨胀率应符合设计要求。屋面坡度应准确，排水系统应通畅。刚性防水层厚度应符合要求，表面平整度不超过5mm，不得起砂、起壳和出现裂缝。防水层内钢筋位置应准确。分格缝应平直，位置正确。密封材料应嵌填密实，盖缝卷材应粘结牢固，无脱开现象
施工注意事项	刚性防水层严禁在雨天施工，因为雨水进入刚性防水材料中，会增大水灰比，同时使刚性防水层表面的水泥浆被雨水冲走，导致防水层出现疏松、麻面、起砂等现象，丧失防水能力。施工环境温度宜在5～35℃，不得在高温和烈日暴晒下施工，也不宜在雪天或大风天气下施工，以避免混凝土、砂浆受冻或失水

030502 隔离层做法

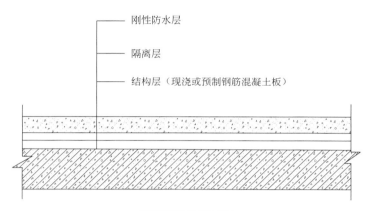

刚性防水层

隔离层

结构层（现浇或预制钢筋混凝土板）

隔离层做法剖面图

隔离层施工现场图

施工工艺说明	刚性防水层与结构层之间应脱离,即在结构层与刚性防水层中间增加一层低强度等级砂浆、卷材、塑料薄膜等材料,起隔离作用,使刚性防水层和结构层变形互不约束,以减少结构变形而使防水混凝土产生的拉应力,减少刚性防水层的开裂
施工控制要点	粘土砂浆隔离层施工:预制板缝填嵌细石混凝土后板面应清扫干净、洒水湿润,但不得积水,按石灰膏:砂:粘土＝1:2.4:3.6 的配合比将材料拌合均匀,砂浆以干稠为宜,铺抹的厚度为 $10\sim20mm$,要求表面平整,压实、抹光,待砂浆基本干燥后,方可进行下道工序施工。石灰砂浆隔离层施工方法同上。砂浆配合比为石灰膏:砂＝1:4。水泥砂浆找平层铺卷材隔离层施工:用 1:3 水泥砂浆将结构层找平,并压实抹光养护,再在干燥的找平层上铺一层 $3\sim8mm$ 干细砂滑动层,在其上铺一层卷材,搭接缝用热沥青玛蹄脂盖缝。也可以在找平层上直接铺一层塑料薄膜
质量通病防治	因为隔离层材料强度低,在隔离层继续施工时,要注意对隔离层加强保护,混凝土运输不能直接在隔离层表面进行,应采取垫板等措施,绑扎钢筋时不得扎破表面,浇捣混凝土时不能振酥隔离层
施工注意事项	隔离层铺设前,应将基层表面的砂粒、硬块等杂物清扫干净,防止铺贴时损伤隔离层

030503 分格缝留置

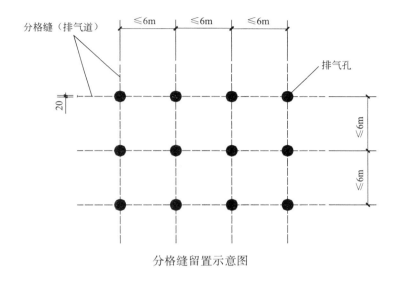

分格缝留置示意图

分格缝留置施工现场图

施工工艺说明	分格缝留置是为了减少因温差、混凝土干缩、徐变、荷载和振动等变形造成刚性防水层开裂,分格缝部位应按设计要求设置
施工控制要点	分格缝应设置在结构层屋面板的支承端、屋面转折处（如屋脊）、防水层与突出屋面结构的交接处,并应与板缝对齐。纵横分格缝间距一般不大于 6m,或一间一分格,分格面积不超过 $36m^2$。现浇板与预制板交接处,按结构要求应留有伸缩缝、变形缝的部位。分格缝宽宜为 $10\sim20mm$
质量通病防治	分格缝可采用木板条,在混凝土浇筑前支设,混凝土浇筑完毕,收水初凝后取出分格缝模板,或采用聚苯乙烯泡沫板支设,待混凝土养护完成、嵌填密封材料前按设计要求的高度用电烙铁熔去表面的泡沫板
施工注意事项	分格缝标高等做法应符合设计和规程规定;分格缝的设置位置和间距应满足要求

030504 钢筋网片施工

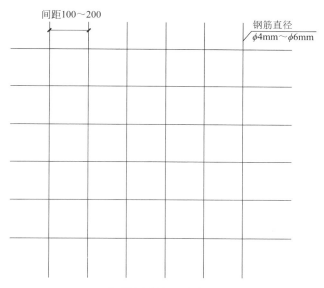

间距100～200

钢筋直径
$\phi4mm\sim\phi6mm$

钢筋网片施工示意图

钢筋网片施工现场图

施工工艺说明	钢筋网片是纵向钢筋和横向钢筋分别以一定的间距排列且互成直角、全部交叉点均焊接或绑扎在一起的网片
施工控制要点	钢筋网配置应按设计要求，一般设置直径为 4～6mm、间距为 100～200mm 双向钢筋网片。网片采用绑扎和焊接均可，其位置以居中偏上为宜，保护层不小于 10mm
质量通病防治	钢筋要调直，不得有弯曲、锈蚀，不得沾油污
施工注意事项	分格缝处钢筋网片要断开。为保证钢筋网片位置留置准确，可采用先在隔离层上满铺钢丝绑扎成型后，再按分格缝位置剪断的方法施工

030505 细石混凝土防水层施工

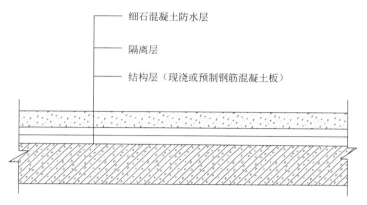

细石混凝土防水层施工剖面图

细石混凝土防水层施工现场图

施工工艺说明	浇捣混凝土前,应将隔离层表面浮渣、杂物清除干净;检查隔离层质量及平整度、排水坡度和完整性;支好分格缝模板,标出混凝土浇捣厚度,厚度不宜小于 40mm
施工控制要点	要严格保证材料及混凝土质量,经常检查是否按配合比准确计量,混凝土搅拌应采用机械搅拌,搅拌时间不少于 2min。混凝土运输过程中应防止漏浆和离析。混凝土收水初凝后,及时取出分格缝隔板,用铁抹子第二次压实抹光,并及时修补分格缝的缺损部分,做到平直整齐;待混凝土终凝前进行第三次压实抹光,要求做到表面平光,不起砂、起皮、无抹板压痕,抹压时,不得撒干水泥或干水泥砂浆。待混凝土终凝后,必须立即进行养护,应优先采用表面喷洒养护剂养护,也可用蓄水养护法或稻草、麦草、锯末、草袋等覆盖后浇水养护,养护时间不少于 14d,养护期间保证覆盖材料湿润,并禁止非作业人员上屋面踩踏或在上继续施工
质量通病防治	混凝土运输过程中应防止漏浆和离析
施工注意事项	一个分格缝范围内的混凝土必须一次浇捣完成,不得留施工缝

030506 小块体细石混凝土防水层施工

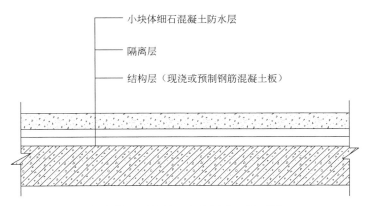

　　　　　　　　　　小块体细石混凝土防水层

　　　　　　　　　　隔离层

　　　　　　　　　　结构层（现浇或预制钢筋混凝土板）

小块体细石混凝土防水层施工剖面图

小块体细石混凝土防水层施工现场图

施工工艺说明	小块体细石混凝土防水层所用混凝土是在混凝土中掺入密实剂以减少混凝土的收缩，避免产生裂缝。混凝土中不配置钢筋，除板端缝外，将大块体划分为不大于1.5m×1.5m分格的小块体
施工控制要点	设计和施工要求与普通细石混凝土要求完全相同，不同点只在15～30m范围内留置一条较宽的完全分格缝，宽度宜为20～30mm，1.5m的分格缝，缝宽宜为7～10mm，分格缝中应填嵌高分子密封材料
质量通病防治	为防止小块体混凝土产生裂缝，细石混凝土中应掺入密实剂，也可以掺入膨胀剂、抗裂纤维等材料
施工注意事项	小块体细石混凝土的分格缝应根据建筑的开间和进深均匀划分，缝宽7～10mm，采用定型钢框模板留设，使分格缝位置准确、顺直、缝边平整；在15～30m范围内留设一条较宽的完全分格缝，缝宽20～30mm，采用木模板留设

030507 分格缝

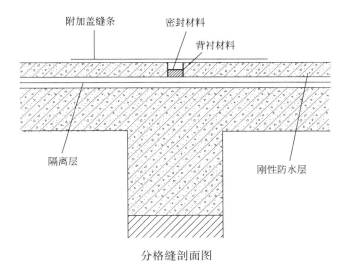

附加盖缝条　　密封材料

背衬材料

隔离层　　　　　　　　　　　　　　　　　刚性防水层

分格缝剖面图

分格缝实物图

施工工艺说明	分格缝留置是为了减少因温差、混凝土干缩、徐变、荷载和振动等变形造成刚性防水层开裂,屋面面层与立墙(女儿墙)交接处应设置分格缝
施工控制要点	分格缝宽 30mm,嵌填弹性密封材料(如塑胶等),女儿墙分格缝要与屋面分格缝贯通
质量通病防治	分格缝可采用木板条,在混凝土浇筑前支设,混凝土浇筑完毕,收水初凝后取出分格缝模板。或采用聚苯乙烯泡沫板支设,待混凝土养护完成、嵌填密封材料前按设计要求的高度用电烙铁熔去表面的泡沫板
施工注意事项	分格缝标高等做法应符合设计和规程规定,分格缝的设置位置和间距应符合要求,分格缝和檐口需平直

第六节 • 屋面接缝密封防水

030601 填塞背衬材料

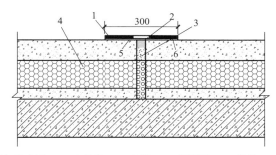

1—附加防水层；2—密缝胶；3—细沙；4—保温层；5—满粘；6—空铺

填塞背衬材料剖面图

施工工艺说明	背衬材料是用于控制密封材料的嵌填深度、防止密封材料和接缝底部粘结而设置的可变形材料。采用的背衬材料应能适应基层的膨胀和收缩,具有施工时不变形、复原率高和耐久性好等性能。背衬材料的品种有聚乙烯泡沫塑料棒、橡胶泡沫棒等。背衬材料的形状有圆形、方形的棒状或片状,应根据实际需要选定
施工控制要点	填塞时,圆形背衬材料的直径应大于接缝宽度 1～2mm;方形背衬材料应与接缝宽度相同或略小,以保证背衬材料与接缝两侧紧密接触。如果接缝较浅时,可用扁平的片状背衬材料来起隔离作用
质量通病防治	硬泡聚氨酯为桶装材料,在现场喷涂发泡,使用时应根据发泡比例确定喷涂的用量。背衬材料的填塞应在涂刷基层处理剂前进行,以免损坏基层处理剂,削弱其作用。填塞的高度以保证设计要求的最小接缝深度为准
施工注意事项	由于接缝口施工时难免有一些误差,不可能完全与要求的形状一致,因此要备有多种规格的背衬材料供施工选用

030602 涂刷基层处理剂

涂刷基层处理剂施工现场图

施工工艺说明	基层处理剂的主要作用是使被粘结表面渗透及湿润，从而改善密封材料和被粘结体的粘结性，并可以封闭混凝土及水泥砂浆基层表面，防止碱性物及水分从其内部渗出
施工控制要点	基层处理剂一般采用密封材料生产厂家配套提供的或推荐的产品，如果采取自配或其他生产厂家的密封材料时，应做粘结及相容性试验
质量通病防治	涂刷基层处理剂前应检查基层是否牢固，表面应平整、密实，不得出现蜂窝、麻面、起皮和起砂现象
施工注意事项	接缝尺寸应符合设计要求，宽度和深度沿缝应均匀一致。嵌填密封材料前，基层应干净、干燥，否则会降低粘结强度

030603 热灌法嵌填密封材料

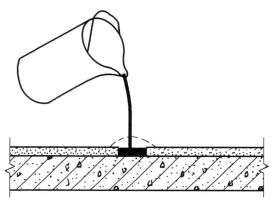

（a）灌垂直屋脊板缝

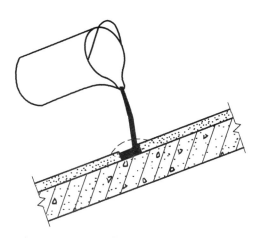

（b）灌平行屋脊板缝

热灌法嵌填密封材料示意图

施工工艺说明	采用热灌法工艺施工的密封材料需要在现场加热,使其具有流动性后使用。热灌法适用于平面接缝的密封处理
施工控制要点	密封材料的加热采用导热油传热和保温的加热炉,该加热方式加热均匀程度与温度控制能力较好。将密封材料装入锅中,装锅容量以 2/3 为宜,用文火缓慢加热,使其融化,并随时用棍棒进行搅拌,使锅内材料加热均匀,以免锅底材料温度过高而老化变质。在加热过程中,要注意温度变化,可用 200～300℃ 的棒式温度计测量温度。加热温度应由厂家提供,或根据材料的种类确定。若现场没有温度计时,温度控制以锅内材料液面发亮,不再起泡,并略有青烟冒出为度。加热到规定温度后,应立即运至现场进行浇灌,灌缝时的最佳温度以能保证密封材料具有很好的流动性为度。若运输距离过长应采用保温桶运输
质量通病防治	当屋面坡度较小时,可采用灌缝车灌缝,以减轻劳动强度,提高效率。檐口、山墙等节点部位灌缝车无法使用或灌缝量不大时宜采用鸭嘴壶浇灌。为方便清理,可在桶内薄薄涂一层机油,撒上少量滑石粉。灌缝应从最低标高处开始向上连续浇灌
施工注意事项	灌缝漫出两侧的多余材料,在确保没有杂质情况下,可切除回收利用,与容器内清理出来的密封材料一起,投入加热炉中加热后重新使用,但一次加入量不得超过新材料的 10%。灌缝完毕后应立即检查密封材料与缝两侧面的粘结是否良好,是否有气泡,若发现有脱开现象和气泡,应用喷灯或电烙铁烘烤后压实

030604 冷嵌法嵌填密封材料

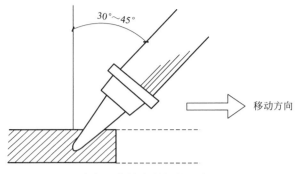

冷嵌法嵌填密封材料示意图

冷嵌法嵌填密封材料施工现场图

施工工艺说明	冷嵌法施工大多采用手工操作,用腻子刀或刮刀嵌填,较先进的有采用电动或手动嵌缝枪进行嵌填
施工控制要点	用腻子刀嵌填时,先用刀片将密封材料刮到接缝两侧的粘结面处,然后将密封材料填满整个接缝。嵌填时应注意不要让气泡混入密封材料中,并要嵌填密实饱满。为了避免密封材料粘结在刀片上,嵌填前可先将刀片在煤油中蘸一下。采用挤枪法施工时,应根据接缝的宽度选用合适的枪嘴。若采用筒装密封材料,可把包装筒的塑料嘴斜切开作为枪嘴。嵌填时,把枪嘴贴近接缝底部,并朝移动方向倾斜一定角度,边挤边以缓慢均匀的速度使密封材料从底部充满整个接缝。接缝的交叉部位嵌填时,先充填一个方向的接缝,然后把枪嘴插进交叉部位已填充的密封材料内,填好另一个方向的接缝。密封材料衔接部位的嵌填,应在密封材料固化前进行,嵌填时应将枪嘴移动到已嵌填好的密封材料内重新填充,以保证衔接部位处密实饱满。填充接缝端部时,只填到离顶端 200mm 处,然后从顶端往已填充好的方向填充,以保证接缝端部密封材料与基层粘结牢固。如接缝尺寸大,宽度超过 30mm,或接缝底部呈圆弧形时,宜采用二次填充法嵌填,即待先填充的密封材料固化后,再进行第二次填充
质量通病防治	为了保证密封材料的嵌填质量,应在嵌填完的密封材料表干前,用刮刀压平与修整。压平应稍用力朝与嵌填时枪嘴移动相反的方向进行,不要来回揉压。压平一结束,即用刮刀朝压平的反方向缓慢刮压一遍,使密封材料表面平滑
施工注意事项	填嵌密封材料前,基层应干净、干燥。一般水泥砂浆找平层完工 10d 后接缝才可嵌填密封材料,并且施工前应晾晒干燥

030605 固化、养护

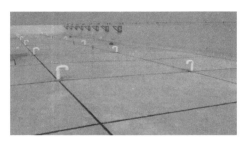

固化、养护施工现场图

施工工艺说明	已嵌填施工完成的密封材料,要进行固化、养护
施工控制要点	固化、养护时间为 2～3d,接缝密封防水处理通常为隐蔽工程,下一道工序施工时,必须对接缝部位的密封材料采取临时性或永久性的保护措施
质量通病防治	进行施工现场清扫,或进行找平层、保温隔热层施工时,对已嵌填的密封材料宜用卷材或木板条保护,以防污染或碰损
施工注意事项	嵌填的密封材料固化前不得踩踏,因为密封材料嵌填时构造尺寸和形状都有一定的要求,若未固化,密封材料尚未具备足够的弹性,踩踏后易发生塑性变形,从而导致其构造尺寸不符合设计要求

030606 保护层施工

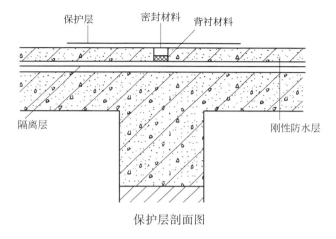

保护层剖面图

保护层施工现场图

施工工艺说明	接缝直接外露的密封材料上宜做保护层,以延长密封防水层使用年限。保护层施工,必须待密封材料表干后才能进行,以免影响密封材料的固化及损坏密封防水部位
施工控制要点	保护层的施工应根据设计要求进行,如设计无具体要求时,一般可采用所用的密封材料稀释后作为涂料,加铺一层胎体增强材料,做成宽约 200mm 一布二涂涂膜保护层。此外还可以铺贴卷材、涂刷防水涂料或铺抹水泥砂浆做保护层,其宽度不应小于 100mm
质量通病防治	保护层应粘结牢固、覆盖密实,并应盖过密封材料,其宽度不小于 100mm
施工注意事项	密封防水处理部位的密封材料与基层应粘结牢固,密封部位应光滑、平整、无气泡、龟裂、脱壳、凹陷等现象。接缝的宽度和深度应符合设计要求

第七节 • 瓦屋面

030701 瓦屋面防水

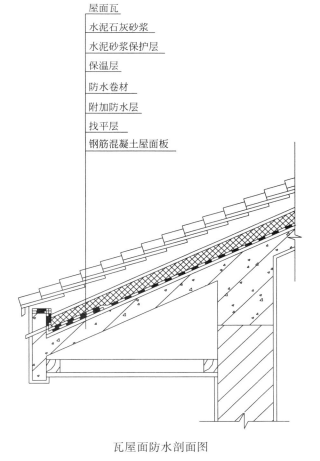

屋面瓦

水泥石灰砂浆

水泥砂浆保护层

保温层

防水卷材

附加防水层

找平层

钢筋混凝土屋面板

瓦屋面防水剖面图

施工工艺说明	所有阴阳角、预埋筋穿出处应事先做成圆弧形；圆弧处粘结附加防水层，涂刷严密。涂刷前，基层应干燥、平整。涂刷厚度符合设计要求。成膜前不得污染、踩踏或淋水
施工控制要点	斜坡屋面混凝土施工时，为保证混凝土不因重力作用而下滑，坍落度不能太大，且不能使用高频机械振捣。天沟、檐沟防水层施工前，应先对水落口进行密封处理。水落口与竖管承插口的连接处应用密封材料嵌填密实，水落口周围 500mm 范围内做附加防水层。冬季最冷月平均气温低于 −4℃ 的地区或檐口结冰严重地区，檐口部位应设一层防冰坝返水的自粘或满粘防水垫层。严寒和寒冷地区的坡屋面檐口部位应采取防冰雪融坠的安全措施。檐沟内按屋面保温厚度连续交圈设置，防止产生冷桥
质量通病防治	为防止屋面渗漏，卷材铺贴应自下而上平行屋脊方向、顺流水方向搭接。卷材铺设时应压实铺平，上部工序施工时不得损坏已铺好的防水卷材
施工注意事项	为满足斜屋面结构防水要求，斜屋面混凝土施工时，禁止采用堆积的方法，宜采用小型振捣器振捣密实

030702 瓦屋面保温

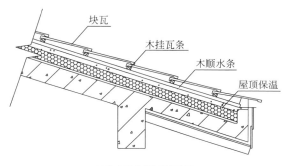

瓦屋面保温剖面图

瓦屋面保温实物图

施工工艺说明

　　瓦屋面保温层应选用表观密度小、导热系数小、吸水率低的保温材料。保温层设于防水层之上，上部为 35mm（设计确定）厚 C20 细石混凝土找平层（配 500mm×600mm 钢筋网与屋面预留的钢筋固定）。保温材料铺贴时要紧贴基层，铺平垫稳，拼缝严密，分层铺设的上下接缝应相互错开。

030703 挂瓦层

挂瓦层实物图

施工工艺说明

　　挂瓦层的断面一般为 30mm×30mm，长度一般不小于 3 根椽条间距，挂瓦条必须平直（特别注意要保证挂瓦条上边口的平直），接头在椽木上，钉置牢固。

　　斜脊、斜沟瓦：先将整瓦挂上，沟边要求搭盖泛水，其宽度不小于 150mm，弹出墨线，编好号码，将多余瓦面砍去，然后按号码次序挂上。斜脊处平瓦也按上述方法挂上。

　　脊瓦：挂平脊、斜脊脊瓦时，应拉通长麻线，铺平挂直。扣脊瓦用 1:2.5 石灰砂浆铺作平实，脊瓦接口和脊瓦与平瓦间的缝隙处要用抗渗裂纤维的灰浆嵌严刮平，脊瓦与平瓦的搭接，每边长度不少于 40mm；平脊的接头口要顺主导风向。

　　定钉连接椽木时，不得漏钉，接头要错开，同一椽木条上不得连续超过 3 个接头。

030704 平瓦屋面排瓦控制

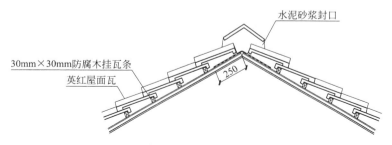

水泥砂浆封口

30mm×30mm防腐木挂瓦条

英红屋面瓦

250

平瓦屋面排瓦剖面图

平瓦屋面排瓦控制施工现场图

施工工艺说明

　　保证屋面达到三线标齐，应在屋檐第一排瓦和屋脊处最后一排瓦施工前进行预铺瓦，大面积利用平瓦扣接的调整范围来调节瓦片。摆瓦一般有条摆和堆摆两种。条摆要求隔3根挂瓦条摆一条瓦，每米约22块；堆摆要求一堆9块瓦，间距为左右隔2块瓦宽，上下隔2根挂瓦条，均匀错开，摆置稳妥。

030705 瓦片固定

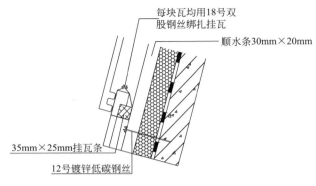

瓦片固定剖面图

瓦片固定施工现场图

施工工艺说明

　　第一块瓦找准位置后，使用钢钉在2个预留孔隙穿过后，将瓦片固定在挂瓦条上；接下来将第二块瓦压接在第一块瓦面上，调整位置，确保搭接边筋咬合完整，瓦片方正，之后将其以同样方式固定。当屋面坡度大于50%时，或在大风、地震频发地区，每片瓦均需用镀锌铁丝固定于瓦条上。

030706 油毡瓦

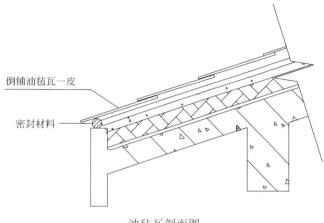

倒铺油毡瓦一皮

密封材料

油毡瓦剖面图

油毡瓦实物图

施工工艺说明	油毡瓦屋面坡度宜为 20%～85%,屋面基层应具有足够的强度,表面应平整、干净,女儿墙泛水、檐沟、细部节点等部位进行防水处理
施工控制要点	油毡瓦应自檐口向上铺设,第一层瓦与檐口平行,切槽应向上指向屋脊,用油毡钉固定。第二层油毡瓦应与第一层叠合,但切槽应向下指向檐口。第三层油毡瓦压在第二层上,并露出切槽 125mm
质量通病防治	油毡瓦之间的对缝,上下层不应重合。每片油毡瓦不应少于 4 个油毡钉
施工注意事项	屋面与突出屋面结构的连接处,油毡瓦应铺设在立面上,其高度不应小于 250mm

030707 瓦屋面檐口构造

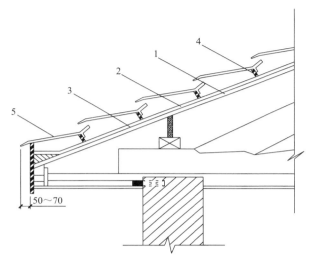

1—木基层；2—平铺油毡；3—顺水条；
4—挂瓦条；5—平瓦

平瓦屋面檐口构造剖面图

平瓦屋面檐口实物图

施工工艺说明	檐口瓦：挂瓦次序从檐口由下到上、由左向右方向进行。檐口瓦要挑出檐口 50～70mm
施工控制要点	檐口第一根瓦条，要保证出檐（或出封檐板外）50～70mm，上下排平瓦的瓦头和瓦尾的扣搭长度为 50～70mm，屋脊处两个坡面上最上的两根挂瓦条，要保证挂瓦后，两个尾瓦的间距在搭盖脊瓦时，脊瓦搭接瓦尾的宽度每边不小于 40mm
质量通病防治	为防止漏水，瓦的搭接应顺主导风向
施工注意事项	当屋面坡度大于 50% 时，或在大风、地震频发地区，每片瓦均需用镀锌铁丝固定于瓦条上

030708 瓦屋面成品檐口

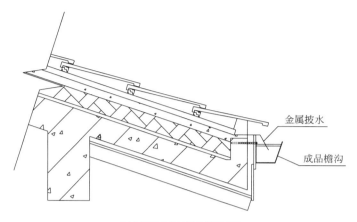

金属披水

成品檐沟

瓦屋面成品檐口剖面图

瓦屋面成品檐口实物图

施工工艺说明	弹导向线应确保檐沟向落水管方向倾斜 1% 的回水坡度
施工控制要点	先在屋檐上弹一条水平线，参照水平线从雨水槽较高一端再弹坡度为 1% 的直线为导向线（檐沟高端最好选在两根落水管的中心）。导向线距檐口上下边缘不得小于 20mm
质量通病防治	为防止雨水槽热胀冷缩引起的长度变化，雨水槽与水斗采用搭接方式连接，无需粘结，雨水槽应伸入水斗 10～20mm。安装水斗前，将一落水管弯头与水斗相连。将落水管弯头大头向上，挤压落水管弯头直至它完全嵌入水斗为止。在结合部位的背面装入两个不锈钢螺栓固定落水管弯头
施工注意事项	在安装最后一段檐沟之前，先确定落水管的位置，让水斗对准屋檐，使用水平仪使它保持平直。沿水斗的左右两侧画线，并设置檐沟固定件

030709 瓦屋面雨水管安装

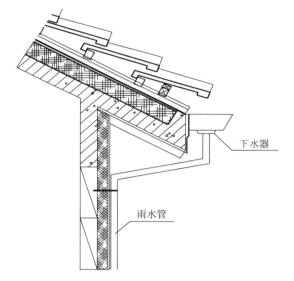

下水器

雨水管

瓦屋面雨水管安装剖面图

瓦屋面雨水管实物图

施工工艺说明	瓦屋面安装水斗前，将落水管弯头与水斗相连。落水管弯头大头向上，挤压落水管弯头直至它完全嵌入水斗。在结合部位的背面装入两个不锈钢螺栓固定落水管弯头
施工控制要点	瓦屋面雨水管安装时，为了把水从墙角排开，在转向器处连接一定长度的落水管，独特的落水管转向器可以水平抬起落水管，使之对准庭院地面的水沟
施工注意事项	雨水管安装过程中，落水管弯头（或落水管转向器）应安装在离地至少 150mm 高度，并距墙体完成面至少 20mm 的位置。同时，使弯头与水斗保持在一条直线上。并用管卡使之与墙体相连，每 3m 的落水管需要安装 3 个管卡。若长度超过 3m，则使用落水管接头连接两段落水管

第八节 ● 金属板材屋面

030801 压型钢板屋面檩条安装

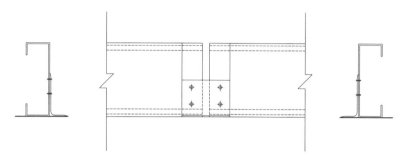

压型钢板屋面檩条安装剖面图

压型钢板屋面檩条安装施工现场图

施工工艺说明	保证安装结构的稳定性和受力均匀，主框安装不得高空焊接
施工控制要点	压型钢板屋面檩条安装需对网架复检，复检合格后，方可连接檩条，按要求需调直、刷漆，焊接檩条时必须满焊
质量通病防治	防止在风吸力作用下，檩条下翼缘受压，屋面宜用自攻螺栓直接与檩条连接，拉条宜设在下翼缘附近
施工注意事项	当檩条跨度大于 4m 时，应在檩条间跨中位置设置拉条。当檩条跨度达 6m 时，应在檩条跨度三分点处各设置一道拉条

030802 压型钢板安装搭接

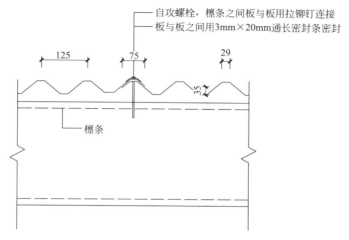

压型钢安装搭接剖面图

压型钢板安装搭接施工现场图

施工工艺说明	铺板时,两板长向搭接间应放置一条通长密封条,端头放置二条密封条(屋脊板、泛水板、包角板等),密封条不得间断。两板铺设后,两板的侧向搭接处还需用拉铆钉连接,所用拉铆钉均应用丙烯酸或硅酮密封胶封严,并用金属或塑料杯盖保护
施工控制要点	每块金属板材两端支撑处板缝均应用 M6.3 自攻螺栓与檩条固定,中间支撑处应每隔一个板缝用 M6.3 自攻螺栓与檩条固定
质量通病防治	为防止屋面渗漏,钻孔时,应垂直不偏斜,将板与檩条一起钻穿,螺栓固定前,先垫好长短边的密封条,套上橡胶密封垫圈和不锈钢压盖一起拧紧
施工注意事项	压型钢板上下两块板的板缝应对齐,横向搭接长度不小于一个波长,纵向搭接应顺年最大频率风向搭接,端部搭接应顺流水方向搭接,搭接长度不小于 200mm。屋面板铺设从一端开始,往另一端同时向屋脊方向进行,搭接处要用通长的专用自粘性密封胶带粘牢,连接口用自攻螺栓连接牢固

030803 压型钢板屋面檐口

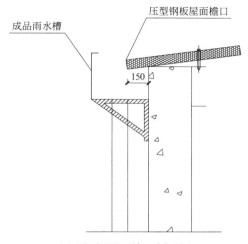

成品雨水槽
压型钢板屋面檐口
150

压型钢板屋面檐口剖面图

压型钢板屋面檐口实物图

施工工艺说明	屋面坡度不应小于 1/20，亦不应大于 1/6；在腐蚀环境中屋面坡度不应小于 1/12
施工控制要点	当屋面为自由落水时，檐口处应进行适当的装饰，有檐沟或雨水槽时，金属板材伸入檐沟内的长度应 ≥ 150mm。装饰构件应与主体结构连接可靠
质量通病防治	避免产生热桥，檐口部位是屋面与墙体交接部位，应使用保温材料连续铺设
施工注意事项	严寒地区和寒冷地区应考虑屋面冰雪坠落及檐口坠冰等问题。 室外侧压型板波高处应与封边的包角板间用堵头件密封

第九节 ● 屋面保温

030901 保温层构造

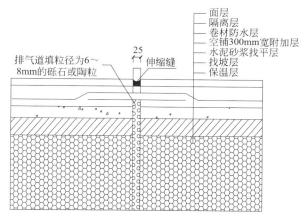

保温层构造剖面图

屋面保温层施工现场图

施工工艺说明

　　屋面保温层宜采用聚苯板或挤塑聚苯板，这两种材料吸水率小，长期浸水不腐烂，保温层上用混凝土等块材、水泥砂浆或卵石做保护层，防水层一定要平整，不得出现积水现象。屋面保温的强度应满足施工和搬运要求，应≥0.1MPa。

| 030902 | 找平层与隔气层施工 |

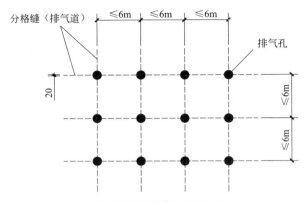

隔气层排气道布置平面图

隔气层排气道实物图

施工工艺说明	排气出口应埋设排气管,排气管应设置在结构层上;穿过保温层的管壁应打排气孔,屋面排气孔应做到做法一致、排列整齐、外形美观,并应设置在纵横分格缝的相交点处
施工控制要点	排气道间距宜为 6m,采用纵横设置,屋面面积每 36m² 宜设置 1 个排气管。排气道应无砂浆、水泥、砂等粉料掺入,确保气体可畅通排至排气管
质量通病防治	当原预留的排气管受到污染或破坏时,可采用管外套管的方式进行补救,套管应套在内管卷起防水卷材的外侧,并向下埋入屋面面层内
施工注意事项	找平层要留分格缝,分格缝的宽度一般为 20mm;水泥砂浆或细石混凝土找平层纵横分格缝的最大间距不超过 6m,分格缝内应填嵌沥青砂等弹性密封材料;基层应坡度正确、平整光洁,平整度偏差不大于 5mm,无空鼓裂缝;防水找平层、防水保护层、面层的分格缝位置上下应对应,面层分格缝预留位置应满足验收规范规定

030903 松散材料保温层施工

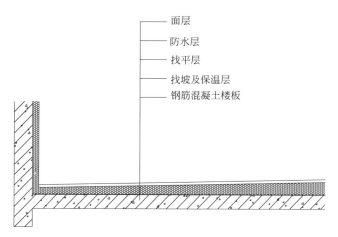

- 面层
- 防水层
- 找平层
- 找坡及保温层
- 钢筋混凝土楼板

松散材料保温层剖面图

松散材料保温层施工现场图

施工工艺说明	铺设松散材料保温层的基层应平整、干燥、干净、无裂纹、无蜂窝
施工控制要点	铺抹找平层时,可在松散保温层上铺一层塑料薄膜等隔水物,以阻止砂浆中水分被吸收,造成砂浆缺水、强度降低,同时可避免保温层吸收砂浆中的水分而降低保温性能
质量通病防治	为了准确控制铺设厚度,可在屋面上每隔 1m 摆放一个保温层厚度的木条作为铺设厚度标志
施工注意事项	松散材料保温层应分层铺设,并适当压实,每层虚铺厚度不宜大于 150mm;压实的程度与厚度应经试验确定;压实后不得直接在保温层上行车或堆放重物。 保温层施工完毕后,应及时进行下道工序施工,进行找平层和防水层施工。雨期施工时,应采取遮盖措施,防止雨淋

030904 板状保温材料施工

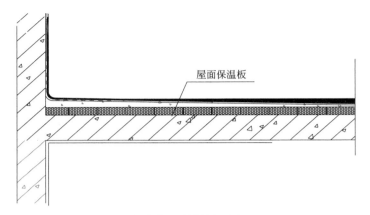

屋面保温板

板状保温材料剖面图

板状保温材料施工现场图

施工工艺说明	铺设板状保温材料的基层应平整、干净、干燥。相邻板块应错缝拼接,分层铺设的板块上下层接缝应相互错开,板间缝隙应采用同类材料嵌填密实
施工控制要点	采用干铺法施工时,板状保温材料应紧靠在基层表面并应铺平、垫稳;采用粘结法施工时,胶粘剂应与保温材料相容,板状保温材料应贴严、粘牢,在胶粘剂固化前不得上人踩踏;采用机械固定法施工时,固定件应固定在结构层上,固定件的间距应符合设计要求
质量通病防治	铺抹找平层时,可在松散保温层上铺一层塑料薄膜等隔水物,以阻止砂浆中水分被吸收,造成砂浆缺水,强度降低,同时可避免保温层吸收砂浆中的水分而降低保温性能
施工注意事项	干铺板状保温材料,应紧靠基层表面,铺平、垫稳,分层铺设时,上下接缝应相互错开,接缝处应用同类材料碎屑填嵌饱满

030905 整体保温层施工

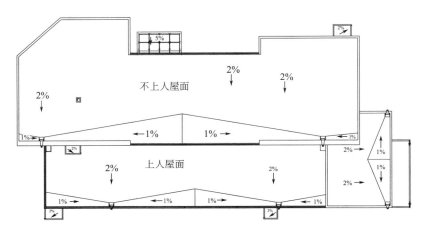

整体保温层平面图

整体保温层施工现场图

施工工艺说明	保温材料的基层应平整、干净、干燥
施工控制要点	整体保温材料应拍实至设计厚度,虚铺厚度、压实厚度应根据试验确定。保温层铺设后,应立即进行找平层施工
质量通病防治	整体保温层施工前,基层必须干燥;防止整体保温层发生收缩,喷涂时要求连续均匀
施工注意事项	水泥膨胀珍珠岩等保温材料应人工搅拌,避免颗粒破碎。以水泥为胶结材料时,应将水泥制成砂浆后,边泼边搅拌均匀

030906 架空隔热层施工

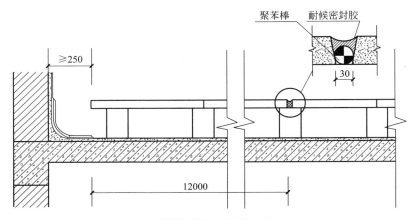

架空隔热层施工剖面图 1

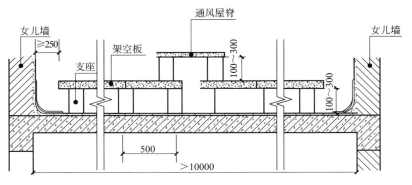

架空隔热层施工剖面图 2

施工工艺说明	屋面保温层应选用表观密度小、导热系数小,吸水率低和憎水性强的保温材料,尤其在整体封闭式保温层和倒置式屋面必须选用吸水率低的保温材料
施工控制要点	屋面结构层为现浇混凝土时,宜随捣随抹找平(可加水泥砂浆),结构层为装配式预制板时,应在板缝灌掺膨胀剂(强度等级不低于 C20 的细石混凝土),然后铺抹水泥砂浆,找平层宜在砂浆收水后进行二次压光,表面应平整
质量通病防治	防止防水层被破坏,架空板支座底面的柔性防水层上应采取增设柔软材料的加强措施
施工注意事项	架空隔热板距离女儿墙不小于 250mm,以利于通风,避免顶裂山墙

第十节 • 蓄水屋面、种植屋面、倒置式屋面

031001 蓄水屋面构造

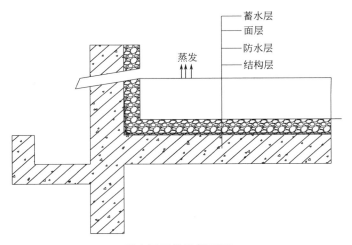

蓄水层
面层
防水层
结构层
蒸发

蓄水屋面构造剖面图

蓄水屋面构造实物图

施工工艺说明	蓄水屋面防水层宜采用刚柔结合的防水方案,柔性防水应是耐腐蚀、耐霉烂、耐穿刺的涂料或卷材,最佳方案是防水涂料和防水卷材复合,然后在防水层上浇筑配筋细石混凝土
施工控制要点	蓄水屋面坡度不宜大于 0.5%,并应划分若干个蓄水区,每区边长不宜大于 10m,在变形缝两侧,应分成两个互不相通的蓄水区
质量通病防治	设置溢水口、过水孔、排水管,溢水管的大小、位置、标高留设必须符合设计要求,施工时用尺量检查
施工注意事项	蓄水屋面工程要求防水层质量可靠,构造设置合理,特别注意蓄水屋面一旦放水,就不能干涸,否则就会发生渗漏

031002 蓄水防水层施工

蓄水屋面防水层施工现场图

施工工艺说明	当蓄水屋面采用柔性防水层时,应先施工柔性防水层,再施工隔离层,然后浇筑细石混凝土防水层
施工控制要点	柔性防水层施工完成后,应进行蓄水检验,无渗漏才能进行下道工序,柔性防水层与刚性防水层或刚性保护层之间应设置隔离层
质量通病防治	为减少混凝土收缩,细石混凝土原材料内宜掺膨胀剂、减水剂和密实剂
施工注意事项	蓄水屋面预埋管道及孔洞应在浇筑混凝土之前预埋固定和预留孔洞,不得事后打孔凿洞

031003 种植屋面构造

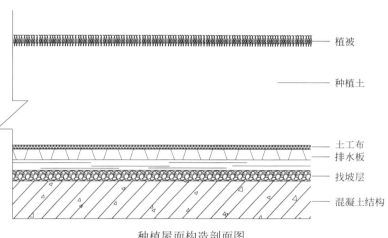

植被

种植土

土工布
排水板
找坡层
混凝土结构

种植屋面构造剖面图

种植屋面实物图

施工工艺说明	种植屋面防水层，宜采用刚柔结合的防水方案，柔性防水应是耐腐蚀、耐霉烂、耐穿刺的涂料或卷材，最佳方案是防水涂料和防水卷材复合，柔性防水层上必须设置细石混凝土保护层或细石混凝土防水层
施工控制要点	种植屋面坡度宜为 3%，以利于多余的水排出
质量通病防治	为阻止屋面种植介质的流失，种植屋面的四周应设挡墙，挡墙下部应设泄水孔，孔内侧放置疏水粗细骨料，或放置聚酯无纺布，以保证多余的水流出而种植介质不会流失
施工注意事项	根据种植要求需设置人行通道，也可采用门形预制槽板，作为挡墙，也可起到区分走道作用

031004 种植屋面防水层及面层施工

种植屋面防水层及面层施工现场图

施工工艺说明	当种植屋面采用复合柔性防水层时,应先施工柔性防水层,再施工隔离层,然后浇筑细石混凝土防水层
施工控制要点	分格缝宜采用整体浇筑的细石混凝土硬化后用切割机锯缝,缝深为 2/3 刚性防水层厚度,填密封材料后,加聚合物水泥砂浆嵌缝,以防止植物根系刺穿防水层
质量通病防治	为避免防水层破坏,种植覆盖层施工时,覆盖材料的表观密度、厚度应按设计的要求选用
施工注意事项	种植屋面在施工刚性保护层或刚性防水层前应对柔性防水层进行试水,雨后或淋水、蓄水检验合格后才可继续施工

031005 倒置式屋面构造

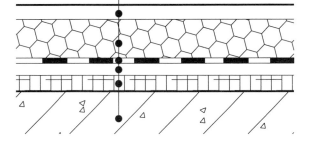

面层
保温板
防水层
找平层
找坡层
钢筋混凝土屋面板

倒置式屋面构造剖面图

倒置式屋面实物图

施工工艺说明

　　倒置式屋面是将保温层置于防水层的上面，保温层的材料必须是低吸水率的材料和长期浸水不腐烂的材料。倒置式屋面保温层直接暴露于大气中，为了防止紫外线的直接照射、人为的损坏，以及防止保温层泡雨水后上浮，在保温层上应做相应的保护层。

031006 倒置式屋面施工

倒置式屋面施工现场图

施工工艺说明

　　防水层施工后应，进行全面检查，无缺陷并试水不渗漏和不积水后方可进行保温层施工。水泥砂浆或细石混凝土上做保护层时应留分格缝，缝间距宜为 10m。

第十一节 ● 细部节点

031101 防水阴角处理

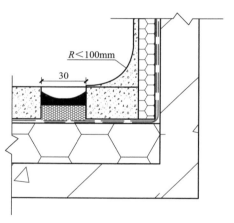

防水阴角处理剖面图

施工工艺说明

  与突出屋面结构（女儿墙、山墙、天窗壁、变形缝、烟囱等）的交接处和基层的转角处，找平层均应做成圆弧形，圆弧半径应符合要求（SBS防水卷材应为50mm），泛水施工前应分格策划，与屋面交接处应设置30mm分格缝。

031102 防水卷材檐沟防水构造

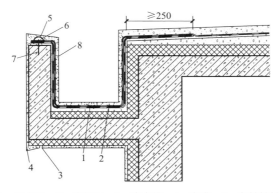

1—防水层；2—附加层；3—滴水槽；4—鹰嘴；5—密封材料；

6—金属压条；7—水泥钉；8—保护层

防水卷材檐沟防水构造剖面图

防水卷材檐沟防水实物图

施工工艺说明

　　檐沟内附加层在檐沟与屋面交接处应空铺，宽度不小于200mm。防水卷材层应由沟底翻上至檐沟外延顶部，卷材收头应用水泥钉固定，并用密封材料封严；屋面排水沟纵向流水坡度不应小于1‰，水落口周边半径500mm范围内坡度不应小于5％，檐沟表面应平整美观、线条顺直、流水通畅、无积水现象。

031103.1 防水卷材檐口防水构造

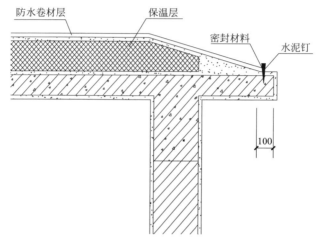

防水卷材层　　　保温层　　　密封材料　　　水泥钉

100

防水卷材檐口防水构造剖面图

施工工艺说明

　　铺贴檐口800mm范围内的卷材应采取满粘法；卷材收头应压入凹槽，采用金属压条钉压，并用密封材料封口；涂膜收头应用防水涂料多遍涂刷或用密封材料封严；檐口下端应抹出鹰嘴和滴水槽。

031103.2 防水涂膜檐口防水构造

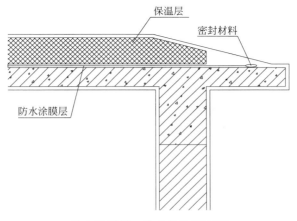

保温层

密封材料

防水涂膜层

防水涂膜檐口防水构造剖面图

施工工艺说明

　　防水涂料涂布至檐沟、檐口处时，应加铺有胎体增强材料的附加层，宽度不小于200mm，并在端头用密封材料封严。

031104 刚性防水檐沟、檐口

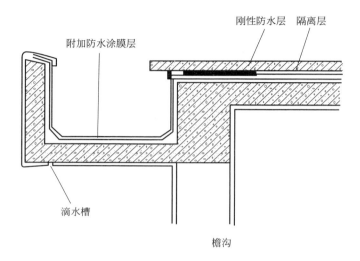

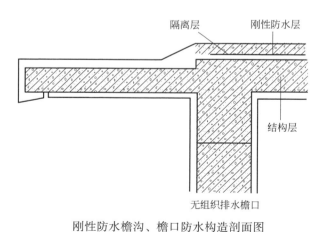

刚性防水檐沟、檐口防水构造剖面图

施工工艺说明	檐沟在现代大多用水泥板之类的建筑材料建成,为了让雨水能够快速、畅通地流到地面排走,一般采取中间高两边低的排水形式,同时在房屋的两边留一个下水管洞口,这样就可以直接通过管道连接后排到地面排走
施工控制要点	屋面排水沟纵向流水坡度不应小于 1%,水落口周边半径 500mm 范围内坡度不应小于 5%,檐沟表面应平整美观、线条顺直、流水通畅、无积水现象。檐口下端应抹出鹰嘴和滴水槽
质量通病防治	沟内施工前,先检查预制天沟的接头和屋面基层结合处的灌缝是否严密和平整,水落口杯要安装好,排水坡度不宜小于 1%,沟底阴角要抹成圆弧形,转角处阳角要抹成钝角
施工注意事项	檐沟、檐口做法应符合设计和规程规定,做法正确

031105.1 防水卷材泛水收头

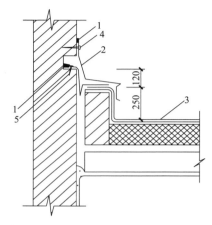

1—密封材料；2—金属或高分子盖板；3—防水层；
4—金属压条钉压固定；5—水泥钉

防水卷材泛水收头剖面图

防水卷材泛水收头实物图

施工工艺说明

　　铺贴泛水处的卷材应采用满粘法；防水卷材泛水端头部位，应用金属压条钉压固定，钉距不大于600mm，且每卷卷材，宽边至少应有两点固定。涂膜防水层应直接涂刷至女儿墙的压顶下，收头处理应用防水涂料多遍涂刷封严，压顶做防水处理。

031105.2 防水涂膜泛水处防水构造

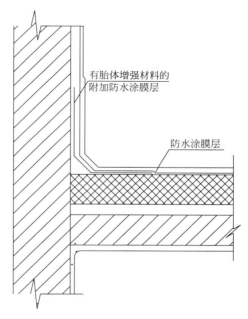

有胎体增强材料的
附加防水涂膜层

防水涂膜层

防水涂膜泛水收头构造剖面图

施工工艺说明

　　泛水处应加铺有胎体增强材料的附加防水涂膜层，此处的防水涂膜材料宜直接涂刷至女儿墙压顶下，压顶应采用铺贴卷材或涂刷涂料等方式做防水处理。

031105.3 刚性防水立墙泛水

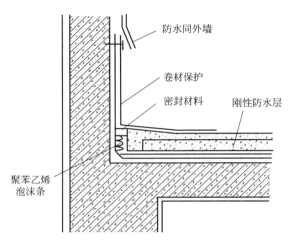

防水同外墙

卷材保护

密封材料

刚性防水层

聚苯乙烯
泡沫条

刚性防水立墙泛水构造剖面图

刚性防水立墙泛水实物图

施工工艺说明	泛水是建筑的一种防水构造,其可保证女儿墙、外墙不受雨水冲刷,可保护屋面其余地方的防水层。泛水高度需满足规范和设计要求,屋面与垂直女儿墙面的交接缝处、砂浆找平层应抹成圆弧形或 45°斜面
施工控制要点	屋面刚性防水层与立墙所有竖向结构及交接处都应断开,留出 20～30mm 的间隙,并用密封材料嵌填密封,屋面与立墙等处应做成圆弧形,圆弧半径为 150mm
质量通病防治	立墙泛水圆弧弧度应一致,内配钢筋或铺玻纤布,若局部较厚时就先找平使面层刚性层厚度不大于 40m,玻纤布应铺面刚性层,但保护层厚度不小于 10mm
施工注意事项	压顶向内流水坡度明显,表面光滑平整、阴阳角及滴水槽顺直;如女儿墙压顶檐口做成鹰嘴,应坡度一致、下口平整顺直。立墙防水保护层与屋面面层分格缝对应、宽窄一致,线条顺滑、整齐美观

031106 刚性防水女儿墙压顶及泛水

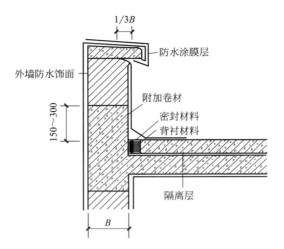

刚性防水女儿墙压顶及泛水剖面图

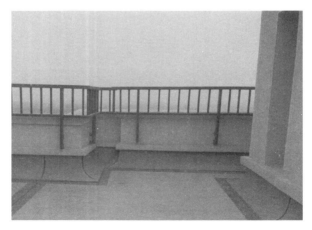

刚性防水女儿墙压顶及泛水实物图

施工工艺说明	女儿墙压顶是指在女儿墙最顶部现浇混凝土,用来压住女儿墙,使之连续性、整体性更好
施工控制要点	屋面刚性防水层与女儿墙所有竖向结构及交接处都应断开,留出 20～30mm 的间隙,并用密封材料嵌填密封,屋面与女儿墙等处应做成圆弧形,圆弧半径为 150mm
质量通病防治	女儿墙泛水圆弧弧度应一致,内配钢筋或铺玻纤布,若局部较厚时就先找平使面层刚性层厚度不大于 40mm,玻纤布应铺面刚性层,但保护层厚度不小于 10mm
施工注意事项	女儿墙压顶向内流水坡度应明显,表面光滑平整、阴阳角及滴水槽顺直;如女儿墙压顶檐口做成鹰嘴,应坡度一致、下口平整顺直。立墙防水保护层与屋面面层分格缝对应、宽窄一致,线条顺滑、整齐美观

031107.1 柔性防水女儿墙收口

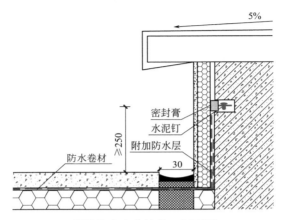

5%

密封膏
水泥钉
附加防水层

≥250

防水卷材

30

柔性防水女儿墙收口剖面图

收头处密封膏密封
卷材收头
卷材主防水层
卷材附加层

圆弧角

柔性防水女儿墙收口实物图

施工工艺说明

　　女儿墙为砌筑砖墙且高度不高的情况下，卷材收头可直接铺压在墙压顶下，压顶相应做防水处理；如砌筑女儿墙较高，可在砖墙上留凹槽，防水卷材收头应用金属压条钉压固定（钢钉间距不大于400mm），并应用密封材料封严；凹槽距屋面面层高度不应小于250mm，凹槽上部的墙体应做防水处理。

031107.2 柔性防水女儿墙收口做法

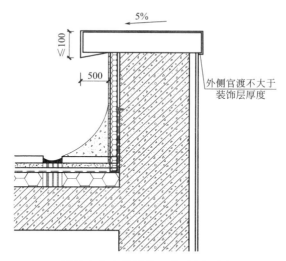

柔性防水女儿墙收口做法剖面图

柔性防水女儿墙收口实物图

施工工艺说明

　　女儿墙内外侧设置压顶，外侧宽度不小于装饰层厚度；女儿墙压顶应外高内低；与屋面交接处应设置通长分格缝，宽度30mm。

　　施工前进行分格策划，分格缝与屋面分格缝应对齐。

031107.3 柔性防水女儿墙泛水

柔性防水女儿墙泛水实物图

施工工艺说明

屋面面层与女儿墙交接处应设置30mm宽分格缝，嵌填弹性密封材料（如塑胶等），女儿墙分格缝要与屋面分格缝贯通。

031108.1 变形缝防水构造

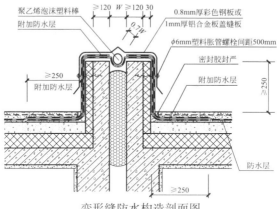

变形缝防水构造剖面图

变形缝防水实物图

施工工艺说明

　　变形缝两侧应平整顺直、压向正确、固定牢固、宽度符合设计要求；变形缝的反水高度不应小于250mm；防水层应铺贴到变形缝两侧砌体的上部；变形缝内填充泡沫塑料或沥青麻丝，上部填放衬垫材料，并用卷材封盖；变形缝顶部加盖混凝土盖板或金属盖板，混凝土盖板的接缝嵌填密封材料，变形缝盖铁搭接接缝距离女儿墙根部不宜小于500mm，应采用耐候密封胶封闭，胶缝均匀顺直；在平面与竖向交汇处，变形缝盖铁应采用专用端头部位盖铁。

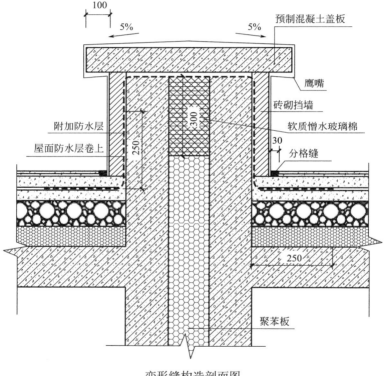

变形缝构造剖面图

施工工艺说明	建筑构件因温度和湿度等因素的变化会产生胀缩变形。为此,通常在建筑物适当的部位设置垂直缝隙,自基础以上将房屋的墙体、楼板层、屋顶等构件断开,将建筑物分隔成几个独立的部分。为克服过大的温度差而设置的缝,基础可不断开,从基础顶面至屋顶沿结构断开
施工控制要点	变形缝的泛水高度不应小于 250mm,变形缝内填充泡沫塑料或沥青麻丝,上部填放衬垫材料,变形缝顶部加盖混凝土盖板或金属盖板,混凝土盖板的接缝嵌填密封材料
质量通病防治	嵌填密封材料的基层应牢固、干净、干燥,表面应平整、密实。不得出现蜂窝、麻面、起皮或起砂现象,嵌填的密封材料表面应平滑,缝边应顺直,无凹凸不平现象
施工注意事项	施工中和施工结束后不得在檐口处堆放材料及其他物品,不得任意拿掉变形缝顶部盖板

031109.1 刚性防水出屋面管道

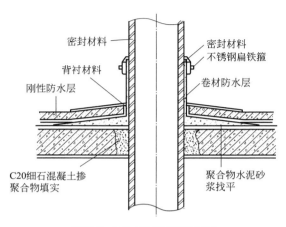

密封材料

密封材料
不锈钢扁铁箍

背衬材料

刚性防水层

卷材防水层

C20细石混凝土掺
聚合物填实

聚合物水泥砂
浆找平

刚性防水出屋面管道剖面图

刚性防水出屋面管道实物图

施工工艺说明	管根处按照防水要求做成八字坡,上端用扁铁箍固定。砂浆墩与管道之间填塞柔性防水嵌缝油膏。砂浆墩外侧可根据设计要求的颜色和材质涂刷防水型外墙涂料
施工控制要点	出屋面管道通常采用金属或 PVC 管材,温差变化引起的材料收缩会使管壁四周产生裂纹,所以管壁四周的找平层应预留凹槽用密封材料封严,并增设附加层。上翻至管壁的防水层应用扁铁箍或铁丝紧固,再用密封材料封严
质量通病防治	穿过屋面的管道等与屋面交接处周围,要用柔性材料增强密封,不得渗漏,各节点做法应符合设计要求
施工注意事项	出屋面管道应排列整齐,高度一致。出屋面的结构及管道周围的找平层应做成圆(方)锥台形,做到不空不裂、线条顺直

031109.2 防水卷材出屋面管道

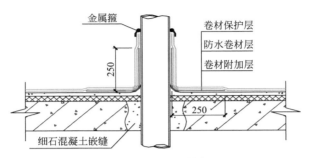

防水卷材出屋面管道剖面图

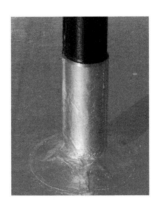

防水卷材出屋面管道实物图

施工工艺说明

　　出屋面管道通常设置间距小于6m，出屋面管道从保温层开始断开至防水层止，防水高度不小于250mm，上口采用金属箍固定，并用密封材料封严，管道金属支架根部应打胶处理。排气道应无砂浆、水泥、砂等粉料掺入，确保气体可畅通排至排气管。

031110 出屋面支架

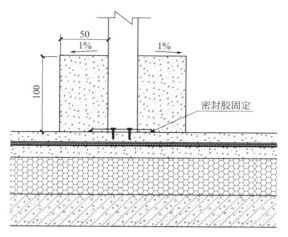

出屋面支架剖面图

出屋面支架实物图

施工工艺说明

　　出屋面支架根部的找平层施工步骤是：先做好混凝土墩，将防水卷材卷到混凝土墩上部，然后做砂浆保护层，保护层与管道支架之间填塞柔性防水嵌缝油膏。

031111 | 管道支架根部处理

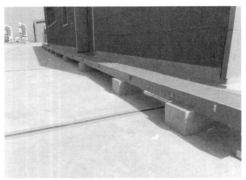

管道支架根部处理施工现场图

施工工艺说明

　　伸出屋面管道、支架根部的找平层应做成圆（方）锥台形，管根处500mm范围内，找平层应抹出高度不小于30mm的圆台；管道与找平层间应留20mm×20mm的凹槽，并嵌填密封材料；管根处四周增设附加防水层，宽度和高度均不小于300mm，该部位防水层收头处用金属箍（或镀锌钢丝）拧紧，并用密封材料封严；保护墩应盖住防水收头，与屋面面层之间留置分格缝。

031112 平屋面排风道

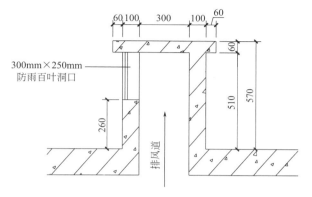

300mm×250mm
防雨百叶洞口

排风道

平屋面排风道剖面图

平屋面排风道实物图

施工工艺说明

　　滴水槽宽10mm、深10mm，槽内平整光滑、棱角方正；盖板和腰线阳角平直方正，分色清晰、无污染，檐口做成坡度明显、底口光滑、线条顺直的鹰嘴；盖板顶部如抹灰，应留置10mm宽分格缝，避免开裂。

031113 横式水落口的防水构造

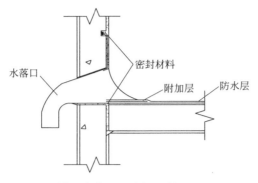

横式水落口防水构造剖面图

横式水落口实物图

施工工艺说明

　　屋面横式水落口埋设时，应考虑保温层、防水层的总厚度，尺寸不应小于 150mm × 250mm；侧排口周边半径 500mm 范围内坡度不应小于 5％。坡度转换处，周围设置 30mm 宽凹槽，做法同分格缝；防水层嵌入水落口内部不应小于 50mm，并采用密封膏封严；水算子嵌入墙内且与墙面相平，安装牢固，拆装方便。

031114 直式水落口的防水构造

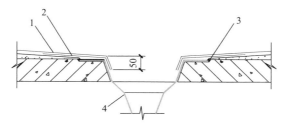

1—防水层；2—附加层；3—密封材料；4—水落口

直式水落口的防水构造剖面图

直式水落口实物图

施工工艺说明

　　屋面直式水落口周围半径500mm范围内坡度不应小于5％，屋面防水层、附加层嵌入水落口底部长度不小于50mm，并采用密封膏封严；直式水落口周围坡度转换处，应设置20mm宽凹槽，做法同分格缝；水落口面层排砖整齐、勾缝光滑平整、水落口处无积水现象、水箅子起落灵活，整体达到最佳观感质量。水落口与基层接触处应留宽20mm、深20mm凹槽，嵌填密封材料。

031115 水落管及排水口

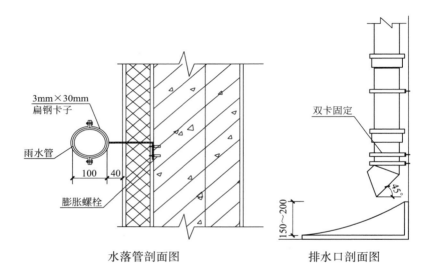

3mm×30mm
扁钢卡子

雨水管

100 40

膨胀螺栓

水落管剖面图

双卡固定

45°

150～200

排水口剖面图

施工工艺说明

　　水落管安装应牢固，承插方向正确，底部设置45°弯头；屋面外露竖向水落管每节不少于一个管卡（双卡固定），且安装牢固；水落管内径应不小于75mm，距墙应不小于20mm，排水口距水簸箕宜为150～200mm；管卡应设在靠近水落管接头处、弯头处，管卡与墙交接处应打密封胶，防止墙面渗水。

031116 屋面水簸箕做法

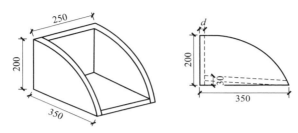

屋面水簸箕构造图

屋面水簸箕实物图

施工工艺说明

　　水簸箕材质可选用石材或块材，底部应内高外低，粘结牢固、胶缝均匀顺直。

031117 滴水线、鹰嘴

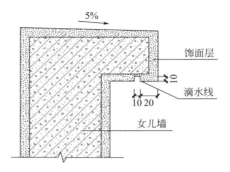

滴水线、鹰嘴剖面图

滴水线、鹰嘴实物图

施工工艺说明

　　女儿墙、烟风帽的压顶部位底面宽度小于 60mm 时宜做鹰嘴，大于 60mm 时宜做滴水线；在距外边沿 20mm 处设 10mm 宽滴水线。滴水线端部距墙面 20mm 处留设断水。

031118 屋面栈桥

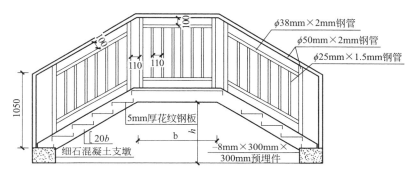

屋面栈桥剖面图

屋面栈桥实物图

施工工艺说明

　　屋面栈桥宽度应不小于0.9m，踏步高度宜为150mm，宽度为250～300mm，踏步平整、高宽一致。栈桥高度大于0.8m时，两侧设置护栏，护栏高度不低于0.9m。外露钢构件涂刷两层底漆、一道面漆，防雷应可靠接地。

031119 屋面栏杆

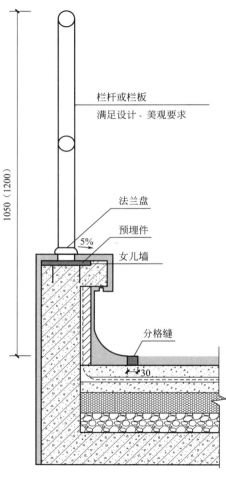

栏杆或栏板
满足设计、美观要求

1050（1200）

法兰盘

预埋件

5%

女儿墙

分格缝

30

屋面栏杆剖面图

距离踩踏面≥1050mm

可踩踏面的栏杆高度应从可踩踏面顶部算起

设置背面支撑

屋面栏杆实物图

施工工艺说明

　　当临空高度在24m以下时护栏高度不低于1.05m；当临空高度在24m及以上时，栏杆高度不低于1.1m。上人屋面和交通、商业、旅馆、医院、学校等建筑临时敞开中庭栏杆高度不应低于1.2m；当女儿墙宽度≥220mm且高度≤450mm时，其顶部为可踏面，栏杆高度应从女儿墙顶部算起。